吴 宁／主编

普通高等教育艺术设计类专业「十二五」规划教材

办公空间设计

BANGONGKONGJIAN SHEJI

中国水利水电出版社
www.waterpub.com.cn

内 容 提 要

　　本教材是为办公空间设计课程教学所撰写，旨在帮助学生了解办公空间设计的基本知识，掌握办公空间设计的一般方法。全书共4章，首先从理论及概念出发，对办公空间设计进行介绍，再结合当今办公空间设计的趋势和优秀案例进行分析，最后以一个案例为例，对办公空间设计的方法、流程加以详细介绍，并提出具体教学成果的要求。内容循序渐进，以使学生更好地掌握办公空间设计的基础理论知识和设计方法，培养系统的思维习惯和良好的专业素养，为将来的设计与创作奠定基础。

　　本书可供高等院校办公空间设计专业本科教学使用，同时也可作为办公空间设计类从业人员的参考书、工具书。

图书在版编目（CIP）数据

办公空间设计 / 吴宁主编. -- 北京 : 中国水利水
电出版社，2013.1（2019.6重印）
普通高等教育艺术设计类专业"十二五"规划教材
ISBN 978-7-5170-0510-0

Ⅰ．①办… Ⅱ．①吴… Ⅲ．①办公室－室内装饰设计
－高等学校－教材 Ⅳ．①TU243

中国版本图书馆CIP数据核字(2012)第315262号

书　　名	普通高等教育艺术设计类专业"十二五"规划教材 办公空间设计
作　　者	吴宁　主编
出版发行	中国水利水电出版社 （北京市海淀区玉渊潭南路1号D座　100038） 网址：www.waterpub.com.cn E-mail：sales@waterpub.com.cn 电话：(010) 68367658（营销中心）
经　　售	北京科水图书销售中心（零售） 电话：(010) 88383994、63202643、68545874 全国各地新华书店和相关出版物销售网点
排　　版	北京时代澄宇科技有限公司
印　　刷	北京印匠彩色印刷有限公司
规　　格	210mm×285mm　16开本　9.75印张　231千字
版　　次	2013年1月第1版　2019年6月第4次印刷
定　　价	35.00元

凡购买我社图书，如有缺页、倒页、脱页的，本社营销中心负责调换

编 委 会

主　　编：吴　宁

参编人员：钱　丽　何　凡　何文龙

　　　　　杨志平　徐　可　李　良

　　　　　李博宇　阙加成　李俊峰

　　　　　彭　珍　毛　强

前　言

　　目前，办公空间设计是环境艺术设计中一个空前活跃的领域。上班族平均每个工作日用在办公室的时间约为8 小时，而且，紧张的都市节奏使得办公时间呈延长趋势。办公空间的装修在国内外得到了飞速的发展，与此对应的是市场上对办公空间设计的迫切需求。办公空间设计的目标是满足人们更好地工作的要求，为办公人员营造一个舒适、方便、高效的工作环境。随着人们对办公环境各方面的要求越来越高，办公空间设计的发展也越来越成熟。如今办公空间已经形成为一个整体独特的空间类型。传统的普通办公空间形式比较固定，而现代办公空间则打破了传统思想的束缚，走向多元化，并且呈现出多方位的发展趋势。目前，我国的办公空间设计还没有形成研究体系，这直接影响了我国当代办公空间装修的发展。办公空间设计课程的开设，就是要在环境艺术设计的专业教学中填补此空白。

　　本教材是"十二五"规划教材，针对办公空间设计的课程教学需求而编写。教材将理论与实践相结合，既紧密结合环境艺术设计专业的教学情况，又借鉴了国内外办公空间设计的新创意、新理念及新趋势，引导学生顺利进入专业学习阶段，并使之能够与室内设计行业社会工作的设计实践相接轨。全书分为 4 章；即办公空间设计的概念、现代办公空间设计的趋势、国内外优秀案例欣赏以及案例操作。第 1 章主要讲述办公空间设计的概念，解读办公空间设计的历史与现状，介绍办公空间设计的要素与要点，以及相关规范，使学生了解国内目前空间设计研究的实际水平及设计基础知识；第 2 章介绍现代办公空间设计的环保节能趋势和个性化需求，使学生了解当代办公空间设计的现状与未来发展趋势，为设计打好基础；第 3 章以案例欣赏形式列举了国内外优秀办公空间设计的案例，图文并茂，使学生更好地掌握办公空间设计的基础理论知识和设计方法；第 4 章先介绍说明办公空间设计的一般流程，再用商控华顶工业园办公楼的实际案例详细介绍设计构思过程和实现方式，为学生将来的设计或创作积累丰富的基础知识，使之养成系统的思维习惯和良好的专业素养。

　　本书在编写过程中采纳和借鉴了多位专家、学者的研究成果，在此表示衷心感谢。本教材的编写是以实践为基础，感谢湖北美术学院环境艺术设计系周彤教授的帮助及指导，感谢武汉清诚集团提供的项目，使得编者能够从教学和实践中得到宝贵的资料和经验来完成这本教材的编写。本书的部分插图是编者在近年来收集的教学图片，引用图片已尽量在书末注明来源，在此向原作者表示诚挚的谢意！

　　限于编者的学术水平，错误与不妥之处在所难免，敬请读者批评指正。

吴宁

于湖北美术学院藏龙岛校区

2012 年夏

目录

前言

第4章 办公空间设计案例流程/73

附录 作业要求与范图/140

参考文献/145

图片来源/147

Unit 1

第1章　办公空间设计概述

通过本章学习，了解现代办公室的基本概念、分类及其特点；了解办公空间的功能；熟悉现代办公室的设计的基本要素和要点；掌握办公空间防火、防盗和其他安全要素方面的知识；认识办公空间设计需要把握的人体尺度和平面布置，为办公空间的设计打下基础。

1.1 办公空间设计的概念

1.1.1 办公空间设计的历史与现状

回顾历史，中世纪的修道士是办公室环境的发明者，每天教堂的钟声就如同现今的打卡钟一般。公证人是个人办公空间和办公家具的肇始者。公证人在当时社会中扮演者多重的角色——检察官、税捐代收人、律师、生意人、甚至是银行家。

19 世纪西方工业革命之后，近代真正意义上的办公空间诞生。美国现代主义大师赖特（Frank Lloyd Wright）是办公大楼设计的先驱。1904 年，赖特设计拉金大楼（Larkin Building），如图 1-1-1、图 1-1-2 所示。在这栋建筑里，赖特创造了一个有别于以往的、有自然采光和中央空调的中庭、开放式的办公空间。4 个或 6 个员工可以同时坐在一张工作

图 1-1-1 拉金大楼

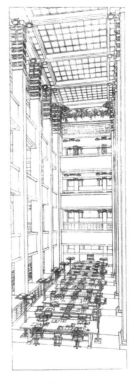

图 1-1-2 拉金大楼中庭的手绘

台前工作。赖特设计的椅子，如图 1-1-3 所示。注意看它的支撑脚出现了十字爪型的支撑系统，下面使用了万向轮——这是现代我们大量使用的办公椅的雏形。记住，它出现于拉金大楼，设计者赖特。

20 世纪中后期，人类进入后工业化社会，由于科技的发展、信息革命、产业结构调整、环境与资源危机和全球经济一体化，办公空间的设计概念也随之产生巨大的改变，办公空间设计的重要性和多样性受到越来越多的人士的关注。计算机与网络技术飞速发展，日常工作中的很多事务都可以利用计算机来完成，人们不再拘泥于固定的办公时间、地点，办公方式有了革命性的转变。人们的工作观念也发生了根本变化，人们要求在随意休闲、轻松愉悦的氛围中开展工作。办公空间的意义从仅仅着

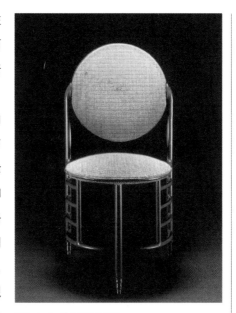

图 1-1-3 赖特设计的椅子

眼于形式上的美感，上升到办公效率与人性化的问题。对于员工而言，他们需要体现工作与生活有机融合的现代办公空间。对于企业而言，个性化办公空间非常重要的一点就是展现企业形象，满足企业精神和发展理念，其独特的个性直接影响着每一个员工的行为举止。

纵观历代的办公空间设计，总是具有时代的印记，犹如一部无字的史书。办公空间设计从设计构思、施工工艺、装饰材料到内部设施，必须和社会当时的物质生产水平、社会文化和精神生活状况联系在一起；在室内空间组织、平面布局和装饰处理等方面，总体说来，也与当时的哲学思想、美学观点、社会经济、民俗民风等密切相关。从微观的、个别的作品来看，办公空间设计水平的高低、质量的优劣又都与设计者的专业素质和文化艺术素养等联系在一起。至于各个单项设计最终实施后成果的品位，又和该项工程具体的施工技术、用材质量、设施配置情况，以及与建设者的协调关系密切相关，即设计是具有决定意义的最关键的环节和前提，但最终成果的质量有赖于：设计—施工—用材—与业主关系的整体协调。

与此同时，现代办公空间对设计师的要求也有所提高，设计师要求具有广泛的技术和美学知识，以及环境心理学、高级人类工程学和生态学等知识。

1.1.2 办公空间设计的功能分析

办公空间设计种类繁多，其形式和功能随着时间的变化而变化。这里主要探讨的现代企业办公空间，是通常理解的具有普遍意义上的办公空间，即通常设置在行政区、商务区或企业内，由若干人员为一个"单位"共事，并共同使用一处场所的办公空间。从环境空间来认识，办公空间是一种集体和个人空间的综合体。办公空间的设计首要任务是个人空间与集体空间系统的便利化、合理化、自动化，使办公工作达到最佳状态，体现最高的效率，兼具办公和休息的功能，方便各相关职能部门之间的工作沟通，方便各种办公设备和配套设施的安装、使用和保养。同时办公环境也给人以心理满足，并体现企业整体形象的完美性。如图 1-1-4 所示。

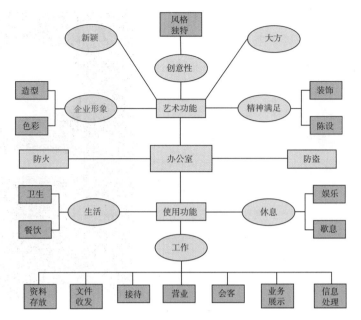

图 1-1-4　办公空间功能

1.1.3　办公空间的基本分类

办公类建筑室内空间，应根据使用性质、规模与标准的不同，确定各类用房。室内空间一般由办公空间、公共空间、服务空间和其他附属设施等组成。

1.1.3.1　按空间布局形式分类

从办公空间的布局形式来说，主要分为独立式办公室、开放式办公室和景观办公室3大类，如图 1-1-5 所示。

1.独立式办公室

概念：为各专业单位所使用的办公室，其属性可能是行政单位或企业，不同的是这类办公空间具有较强的专业性。

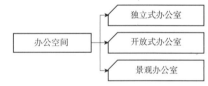

图 1-1-5　按布局形式分类的办公空间类型

形式：全封闭、半封闭、透明式隔断，如图 1-1-6 所示。

优点：各独立空间相互干扰较小，灯光、空调等系统可独立控制，在某些情况下可节省能源。

图 1-1-6　独立式办公室

缺点：在工作人员较多和分隔多的时候占用空间较大，装修后不易拆搬。

例如，小单间的室内比例：

开间：3.6m、4.2m、6.0m。

进深：4.8m、5.4m、6.0m。

2. 开放式办公室

概念：将若干部门置于一个大空间之中，将每个工作空间通过矮隔板分隔，形成自己相对独立的区域，俗称工作岛，便于相互联系和相互沟通，如图1-1-7所示。

优点：这种布局方式节省了空间，同时装修、供电、信息线路、空调等设施安装容易，费用相应更低。这种布局便于工作台之间的相互联系和沟通，且使用的是批量生产以及拆装方便的家具以及辅助工具，使用安装搬拆方便，费用也相对降低。

缺点：部门之间的干扰大，只有在同一个单位空间同时办公时，照明、空调用电才能节省，否则便会消耗较大。

3. 景观办公室

该类办公室是由德国人在1967年提出并实施的。这种布局方式是基于经济的高速发展、科学技术的成果和现代经营管理模式的推行而形成的。其设计理念是注重人与人之间的情感愉悦、创造人际关系的和谐；通过对人的尊重，发挥员工的积极性和创造性，达到进一步提高办公效率的最终目标。其特征具有随机设计的性质，完全由人工控制环境，通过对大空间的重新划分处理，形成完全不同于原空间的新的空间效果和视觉感受，反映了一定的造型语言和风格倾向。其工作位置的设计反映了组织方式的结构和工作方法，通过构件、家具、植物等来组织空间运动路线和区域界定。此类办公空间一般能较充分地体现个性特征和专业特点。小型的专业公司一般偏爱于此类表现手法，如设计工作室等，如图1-1-8所示。

图1-1-7 开放式办公室

图1-1-8 景观办公室

优点：缩短行动路线，提高工作效率，减少交通面积。

缺点：维护费用较大，植物需要的自然采光、通风与办公室人工采光、通风有冲突。

1.1.3.2 按工作性质分类

从办公的工作性质来说，主要分为行政办公、商业办公、专业性办公和综合性办公4大类。相应地，办公空间也可据此分为行政办公空间、商业办公空间、专业性办公空间和综合性办公空间，如图1-1-9所示。

```
              ┌─────────────────┐
          ┌──▶│  行政办公空间   │
          │   └─────────────────┘
          │   ┌─────────────────┐
┌────────┐│──▶│  商业办公空间   │
│办公空间│┤   └─────────────────┘
└────────┘│   ┌─────────────────┐
          │──▶│ 专业性办公空间  │
          │   └─────────────────┘
          │   ┌─────────────────┐
          └──▶│ 综合性办公空间  │
              └─────────────────┘
```

图 1-1-9　按工作性质分类的办公空间类型

1. 行政办公空间

概念：一般指党政机关、人民团体、事业单位的办公空间。工作性质主要是行政管理和政策指导，单位形象特点是严肃、认真、稳重，如图 1-1-10 所示。

特点：部门多，分工具体。

设计风格：以朴实、大方和实用为主，可适当体现时代感。

2. 商业办公空间

概念：即工商业和服务业的办公空间，如图 1-1-11 所示。

特点：装饰风格往往带有行业窗口性质，以与企业形象统一的风格设计作为办公空间形象。

设计风格：为了体现企业形象与实力，其装修要精致考究，注重形象风格、特色。

图 1-1-10　行政办公空间

图 1-1-11　商业办公空间

3. 专业性办公空间

概念：为各专业单位所使用的办公室，其属性可能是行政单位或企业，不同的是这类办公空间具有较强的专业性，如图 1-1-12 所示。

特点：空间形象能充分展示其专业特点和专业性质。如设计师办公室，其装修格调应具有时代感和新意，充分体现自己的专业特点。其他如电信、银行、税务的办公空间，其装饰特点应在实现专业功能的同时，体现自己特有的专业形象。

设计风格：实现专业功能的同时，体现自己特有的专业形象。

4. 综合性办公空间

概念：以办公空间为主，同时涵盖了公寓、展览、商场、酒店等场所。北京的国贸中心即为其典型代表，但其办公空间部分与以上 3 类办公空间无不同之处。

特点：其装饰风格受建筑风格及周围环境的影响。

图 1-1-12　专业性办公空间

1.1.4　办公空间设计的基本要素

办公室是脑力劳动的场所，企业的创造性大都来源于该场所的个人创造性的发挥。而在现代办公环境中，计算机和网络办公越来越普及，人与人之间缺乏交流，因此重视个人环境，兼顾集体空间，将空间融合到人的感受中，借以活跃人们的思维，提高办公效率，这也就成为提高企业生产率的重要手段。同时，办公室也是企业形象的一部分，一个完整、统一而美观的办公室形象，能增加客户的信任感，同时也能给员工以心理上的满足。所有这些应列入办公室设计的基本理论之中。简而言之，要从人出发，从人的心理需求出发，兼顾企业文化，才能创造出一种有机整体性的办公氛围。人与人、人与环境、环境与企业这 3 组关系，就是现在办公空间设计的基本要素。

1.1.4.1　人与人的关系

基于人的社会属性，每个个体均有其独特的思想、生活背景、性格、行为方式和价值观，人与人之间要靠经常性的接触、交流才能产生互动，而且人际关系对每个人的工作有很大的影响，甚至对工作氛围、工作执行、工作效率以及同事之间的关系均有极大的影响。

1. 私密性

研究人在公共空间中的私密性，是环境心理学的一个重要领域，其中包括个人空间（Perasonal Space）、领域性（Territoriality）和私密性（Privacy），这里只讨论私密性。人所具有的对与他人接近程度进行主动控制的心理需求称之为私密性的需求。

在某些场合中开敞办公环境的确可以提高工作效率，但必须解决噪声干扰和缺乏私密性的问题。控制噪声可以采用加强管理、选用吸声装修材料、铺地毯、隔离有噪声的设备等措施。在开敞办公空间内，设置少数私密性小室，少数人的交谈可以到这些小房间内进行。此外，开敞办公室还应具有足够的空间，以免人们活动受限而产生拥挤感。

2. 交流性

现代社会的办公区域狭小、拥挤，人们的空间距离虽然很近，心理交流沟通却产生了日益增大的障碍。然而，置身生态办公区，不仅可以享受宽敞的办公空间，保护私密性，还能在园区的优美环境和完备设施中进行人与人之间的沟通。环境的优美、设施的舒适使人们在回归自然的同时，也恢复了简单、坦诚、朴实的人际交流。

1.1.4.2　人与环境的关系

人是实现环境的主导因素，一切将以满足人的办公要求为目的进行功能配置。我们看到的室内环境是加以一定主观感应的环境。虽然人的感知觉存在个体差异性，但是这种感知觉还是有很强的规律性可循。对环境心理的研究是以心理学的方法对环境进行探讨，即是在人与环境之间应本着"以人为本"的原则，从人的心理特征来考虑和研究问题，使人们对人与环境的关系以及如何创造室内人工环境，都有新的、更为深刻的认识，并进一步将这些认识上升到一定的理论高度，以指导设计工作，创作出既有创新意义又符合人们心理需求的室内设计作品。

1. 空间

老子在《道德经》里有句名言："埏埴以为器，当其无，有器之用。凿户牖以为室，当其无，有室之用。故有之以为利，无之以为用。"这句话建筑业人士用来解释空间很恰当。

即人们建房、立围墙、盖屋顶，而真正实用的却是空的部分；围墙、屋顶为"有"，真正有价值的却是"无"的空间；"有"是手段，"无"才是目的。空间艺术设计是建筑与室内设计的主角。马克思在《一八八四年经济学—哲学手稿》中说，人类是"按照任何物种的尺度来进行生产的"，即"依照美的尺度来进行生产的"。因此，办公空间的大小与形状，门窗的位置，家具、物品的摆放，无一不追求着空间形式的比例尺度、和谐、对比、均衡、韵律、质感以及构图序列等。

人对办公空间的美感来自于空间本身的造型、比例、布局、人流线路等。矩形室内空间是一种最常见的空间造型形式，很容易与建筑结构相协调，平面具有较强的单一方向性，立面无方向感，是一种较稳定的空间形态，属于相对静态和良好的滞留空间，我们讨论的办公空间多采用此造型。室内空间的尺度感应与房间的功能保持一致。对于办公空间来讲，过小或过低的空间使人感到局促或压抑；过大或过高的空间则难以营造亲切、宁静的气氛。所以，只有合理运用整体尺度与人体尺度的关系，实事求是地按照功能要求来确定空间的大小和尺寸，才能使办公环境更符合办公的需要。

同时人在环境中是不断运动的，符合人体各种活动尺寸的设计、设施布局的合理、人流走向的合理安排等同样会提高人的工作效率，并促进人与人之间的相互交流与协作。例如景观办公室的布置根据工作流程、各办公组团的相互关系及员工办公位置的需求，通过由办公设备和活动隔断组成的工作单元并配以绿化等来划分空间。该类办公室既有较好的私密环境，又有整体性，便于联系，整个空间布局灵活，空间环境质量较高，利于发挥员工的积极性和创新性，达到提高工作效率的目的。

随着时代发展，企业对办公空间的合理配置越来越重视，舒适的环境可以舒缓职员紧张的神经，使其发挥更大的效率。人性化设计不容忽视人对空间的感知。

2. 色彩

色彩是环境设计的灵魂。研究表明：人的眼球视网膜上有对全色域（白、黑、红、绿、黄、青）接受的细胞，它们会构成人对色彩的感觉和需求。从生理角度讲，这种需求如果长时间得不到"满足"，便有"饥饿"感；若过度"满足"，便会厌倦。办公空间的色彩在一定程度上会影响环境气氛、空间使用效率，以及人们的工作状况、工作满足感、交往舒适感和质量（表 1-1-1）。

表 1-1-1　　　　　　　　　色彩在心理上的影响效应与功效

色彩对人心理的影响效应	效 应 类 型	色彩在室内设计中的功效
物理效应	冷热、远近、轻重、大小等	1. 能够优化人的心境，稳定人的情绪；
感情刺激	兴奋、消沉、开朗、抑郁、动乱、镇静等	2. 利用色彩可以减轻人在精神和肉体上的痛苦；
象征意向	庄严、轻快、刚、柔、富丽、简朴等	3. 有助于提高人的生理机能

人对某种颜色看多了会感觉单调，便希望看到其对比色，以满足视网膜感色细胞的全色域需求，再结合前文所讲的色彩特性，可大致得出这样的结论：即作为工作场所的办公室，其色彩应能使人冷静但不单调为宜，办公空间大块表面使用高亮度、暗色色彩时，员工们会工作得更好，并能体会到广阔的空间环境；反之，斑斓的色彩易使人疲倦。但由于个体对环境色彩变化的敏感性不同，所以对办公环境的色彩设计不可能非常精确地加以度量和控制。

办公空间色彩从构成的角度上可以分为3类：

（1）背景色彩，常常指的是室内固定的天花板、墙壁、门窗和地板等这些大面积的色彩。根据面积原理，这部分色彩适于采用彩度较弱的、沉静的颜色，使其充分发挥背景色彩的烘托作用。天然材料的色彩柔和清晰、饱和而丰富，能够满足不同个体在生理、心理及感情等多方面的个性化需要，选用天然材料色彩系列不失为一种设计捷径。

（2）主题色彩，指的是可移动的家具和陈设部分的中等面积的色彩组成部分，这些才是真正表现整个空间主要色彩效果的部分。智能化隔断的色彩搭配多尊重业主和员工的客观需要，常选用仿棉麻织物、仿天然木材等，色彩大多选用一种饱和的、更为清晰、柔和、浓深的混合色彩，不仅在有限的空间内为员工创造一种广阔的视觉空间环境，而且还能够在工作范围内为员工创造一个舒适的个人工作小环境。

（3）强调色彩，指的是摆设部分的小面积色彩，这部分色彩最为强烈。

目前国内外流行的办公室装饰用色，基本上有如下4种搭配：①以黑白灰为主再加1～2种较为鲜艳的颜色作点缀；②以自然材料的本色为主，如颜色柔和的原木、石材等，再配以黑白灰或其他适合的颜色；③装修及家具全都使用黑白灰系列，然后以摆设和植物的色彩作点缀；④用温馨的中低纯度的颜色作主调，再配以鲜艳的植物作装饰。以上色彩搭配基本上遵循的是简朴而不单调的原则，以下分别论述其特点。

1）以黑白灰为主调加1～2种鲜艳的颜色。这是一种易于协调而又醒目的配色，它既鲜艳而又不会花俏。但应注意所选的鲜艳色，因为它特别夺目，所以无疑是环境和企业形象的代表色，因此一定要根据色彩的象征意义和形象需要严格选用。如机械工业的办公室，选用粉红、粉绿的颜色，会使人对其产品有不够坚硬耐用的感觉。相反，如果经营食品的办公室，选用深蓝或深紫色，便可能会使人觉得其食品生硬苦涩。

2）以自然木材或石材本色作主调。这类颜色虽然较柔和，但其色彩也具有象征性。例如浅黄色的枫木、白橡木、象牙木，优雅柔和，适合用于装饰一些高雅、新式的办公室，而深色的柚木、红木则适合用于装饰一些较严肃和传统的办公室。石材也同理，浅色的如汉白玉、大花白、爵士白、金米黄、木纹石等优雅清爽，而印度红、宝石蓝和各类黑石，则严肃庄重，如黑白或深浅相间搭配，则能显示出多种性格，并达到醒目的效果。自然材料若配以适合的人工颜色，也可以产生美妙的效果，如目前较流行的浅黄色原木配灰绿色哑光漆，就具有自然美。另外，应注意色彩明暗对比关系，因自然材料的色相、纯度和明度一般属中性，所以如能配以黑白或明度与黑白相近的颜色作衬托，则可更醒目。

3）全部装修和家具只用黑、白、灰色。这是一种优雅和理性的用色。但在同一个环境中，黑、白、灰色的使用比例不同，其性格特征也会有所不同。如白色为主，衬以黑色和灰色，有清雅、纯净和柔美的感觉；以黑色为主，衬以少量白色和灰色，有稳重、严肃和深沉的感觉；而以灰色为主时，则有朴实和安定的感觉（浅灰的性格与白接近，深灰则更接近黑）。这种全部采用黑、白、灰色的设计，也叫"无色彩设计"，因其不突出色彩，所以其造型便分外突出，因此造型就一定要设计得新颖脱俗。"无色彩"设计如果用在平淡、过时的造型上，会更显其平庸。另外，这类用色，应结合摆设、布置和植物色彩构成环境，否则会给人单调和忧伤的感觉。

4）用优雅的中性色作主调构成全环境的气氛。这种设计，色彩丰富而不艳丽，很适合食品和化妆品行业的办公室。但应注意其素描关系的处理。如果处理不好，易显灰沉和陈旧。通常的方法是适当使用黑、白色或类似的深浅色，并在饰物和植物布置时用适量鲜艳色，以活跃环境气氛。

除以上的色彩配置之外，还有现代派和后现代派的办公室用色设计，其特点是用大量鲜艳的对比色或中性色作主调，并用金色、银色或其他金属色构成环境。这种风格只能用在某些特殊行业的办公室，如娱乐业、广告业等。

3. 光照

在现代办公空间中，光不仅起照明的作用，而且是界定空间、分隔空间、改变室内空间氛围的重要手段，同时光还表现一定的装饰内容、空间格调和文化内涵，趋向于实用性及文化性的有机结合，是现代环境装饰中的一个重要因素。

（1）自然光照。

办公空间设计趋向于充分利用自然光源系统，阳光不足的地方用人工照明加以补充。

图 1-1-13 央视大楼

这样除了能获得自然光照条件，也有良好的视线效果。如北京央视大楼建筑外墙为玻璃幕墙，利用自然光线提供室内采光，如图 1-1-13 所示。通过办公空间的屋顶处理可以充分利用自然光，如玻璃屋顶。

日照控制就是消除阳光引起的晃眼和减少日照带来的辐射热。对于室内装饰设计而言，主要是运用遮阳百叶帘来控制日照，消除眩光。

活动百叶帘能像窗帘一样完全拉开，同时能调整叶片角度，控制进光量。通常有垂直和水平百叶帘两种，其材质有铝制品及各种合成纤维织物。

（2）人工照明。

由于目前越来越多的办公室人员从事计算机视屏终端操作，这些房间的亮度比更应引起设计人员的重视。现代办公楼一般进深较大，办公室在相当程度上需要依靠人工照明来创造良好的视觉环境。室内的照明随着时代和经济状况的发展而不断增加。

办公时间几乎都是白天，因此，设计中一般可采用人工照明与天然采光结合的设计、通盘照明的照度与局部照明的照度相结合的办法，而形成舒适的照明环境。

除了照度设计外，还要注意明暗差的处理。办公室一般不需要特殊的艺术照明效果，因此，明暗差别不宜过大，如房间的内侧与窗户、走廊与办公室、门厅与室外等。

办公室照明设计得好，上班不再昏昏欲睡；一样是照明，使用得好，效果倍增；使用不当，后患无穷。理想的办公环境及避免光反射的方法，可以用以下方法获得：

1）办公室照明灯具宜采用荧光灯。视觉作业的邻近表面以及房间内的装饰表现宜采用无光泽的装饰材料。

办公室的一般照明宜设计在工作区的两侧，采用荧光灯时宜使灯具纵轴与水平视线平行。不宜将灯具布置在工作位置的正前方。难以确定工作位置时，可选用发光面积大、亮度低的双向蝙蝠翼式配光灯具。

在有计算机终端设备的办公用房，应避免在屏幕上出现人和物（如灯具、家具、窗等）的映像。

经理办公室照明要考虑写字台的照度、会客空间的照度及必要的电气设备。

会议室照明要考虑会议桌上方的照明为主要照明，使人产生中心和集中的感觉。照度要合适，周围加设辅助照明。

以集会为主的礼堂舞台区照明，可采用顶灯配以台前安装的辅助照明，并使平均垂直照度不小于300lux。

"以前是亮就好，现在讲求的是舒服。"一语道出现今照明发展的趋势。

2）办公照明设计应减少眩光。舒服的第一要件，首先是没有刺眼的眩光（又称反光）。可在计算机荧幕前置一面小镜子，并以正常姿势坐好，若是可以从镜子内看见较亮的物体或光源，表示有反光现象。此时应调整位置或荧幕，让镜中看到的光线变少，减少反光对眼睛的刺激。此外，所有的光源应有遮蔽和眩光保护，避免眼睛直接或间接接触灯管或灯泡的强光。

许多办公室会使用条状或格子状的金属反光隔板来改善，但是灯管都看得见，好的灯具应是：点灯，桌子亮了，抬头却看不到灯管。只要你看到任何一点刺眼的光，都是不合格的设计。如覆盖着细格子状反射罩的长方形灯具，看不到灯管，光线柔柔地从上空洒下。坐在窗边的人时常为白天的强烈光线所扰，放下百叶窗帘又觉得室内太暗，可以在窗帘的下半部做小帘子或隔屏，阳光既能从窗户上面照进来，又不会让窗边的人受到干扰。

3）均匀合适的照度。研究办公室照明的人士发现国人特别偏好"明亮冷静"的气氛，办公空间大量采用昼光色日光灯管，照度通常超过实际需要。

据美国的相关研究显示，高照度会造成不舒适感，尤其是照度超过1000lux（照度的国际单位），23%的受访者抱怨曾受到反射困扰。研究发现，大多数人喜欢400～850lux的照度。

日本针对东方人所做的研究发现，500lux为阅读看书写字的最低下限，照度低于500lux，阅读时会很吃力。美国照明工程学会则建议，一般办公室作业面平均照度以750lux为及格标准。有些人喜欢关掉天花板大灯，只留一盏桌灯工作，这种做法是错误的。因为工作环境与视觉目标明暗对比强烈时，会造成眼睛瞳孔括约肌收缩频繁而疲累，因此阅读时全面照明与工作照明必须一起使用。

专家建议，办公室天花板的全面照明通常不需要太亮（超过500lux即可），个人可依需要添加台灯或桌灯增加照度。

4）光源稳定不闪烁。光源稳定与否，维系在一个白色塑胶外壳的"安定器"上。从健康角度来说，装电子镇流器的灯具比装传统镇流器的要好。镇流器是日光灯的"心脏"，是必要装置，装传统低频镇流器，灯管容易闪烁且笨重，但因价格便宜，仍被大量使用于办公室照明。

新式的电子镇流器，可将工作频率提升至30～70kHz，并可改善灯管闪烁问题，具有瞬间点灯、质量轻、发光率高、安定性高等优点，但价格高，是传统灯管两倍以上。使用电子镇流器的缺点是容易受到电磁波干扰。

电子镇流器灯管可节省30%的电力，使用寿命较长，价格虽高，但长期使用还是划算的。

5）擅用暖色光。气氛的营造，是借助主导光源颜色的合理利用，表现光线质感的色温（K值）。色温数值愈高（超过6500K），光愈偏向蓝色，会营造较冷静的氛围；色温愈低，愈偏近烛光的黄红色，较舒缓情绪。但是并无研究证实，黄光或白光会影响人体健康，一般认为愈接近自然光愈好。接近自然光的色温约为 2700 ~ 3500K。

不失真是暖色光的一个优点，一些欧美国家和地区的办公室使用演色性（还原物体的本色）较佳的三波长灯管（利用红、蓝、绿三种基本色混合而成的光源，最接近自然色），并形成一种潮流。

根据不同地点和不同需求选择光源的亮度比例是办公空间室内照明的一个趋势。由于不同年龄的人对明暗的需求不同，所以最好每个独立空间都设有照明开关，大型办公区域可分隔成若干个照明区域，以便单独控制。德国灯具商欧斯朗的办公室内，就装设了自动光源感应器，可依照室外光源的强弱，自动调整室内的光源。

利用自然采光，可节省 30% 以上的夏季用电量。现在许多会议室采用多重灯光设计，也是为了满足多功能会议室的使用。

1.1.4.3　环境与企业文化的关系

现代企业多将树立企业形象作为发展战略的一项核心内容，因此在空间功能分布合理的情况下，如何在工作空间里展现企业文化，并融入艺术美感，就非常重要了。企业文化是抽象的，而空间环境是直接的、立体的，抽象的文化只有在空间中才能得以体现，即办公空间是现代企业文化的载体。办公空间可以体现某些深层次的含义。它可以体现不同企业特有的特征，可以传达企业的价值观、愿景、发展方向和目标、宗旨。同时还可以激励员工、感染客户，营造一种氛围，体现高效的行动，展现企业品牌形象。优秀的办公空间设计不仅可以反映企业的产品特征和经营理念，还能体现企业的管理和工作方式。办公环境的风格取向、舒适与否，对于提升员工的工作效率和体现企业的文化起到至关重要的作用。简而言之，办公空间是表达企业形象最有力的方式之一，具有设计风格的办公空间是企业精神文化、制度文化和物质文化的一种综合体现。

总之，通过对办公空间风格的把握，体现企业文化，增进工作效率，提升企业形象，会成为当下和未来办公空间设计的重要发展方向。

1.1.5　办公空间设计创意的基本要点

在科技高速发展的时代，产品产生的高度机械化、批量化、规模化，解决了社会需求量的问题，但是产品的同质化程度日趋明显。而人们对工作环境的需求已从单纯的物质转向精神，过去陈旧的办公设备已不再适应新的需求。在办公空间设计中讲求个性，为员工创造良好的工作环境是对每个办公空间设计师的基本职业要求。办公室的布局、通风、采光、人流线路、色调等的设计得当，对工作人员的精神状态及工作效率将产生积极向上的影响。

个性化的办公空间设计，不是选择不同的装修材料，也不是单纯追求造型的变化，而是针对企业文化、办公室的人口结构、文化水平和办公内容等背景条件差异性而言的。如何使高科技办公设备更好地发挥作用，就要求有好的空间设计与规划。以下从 5 点谈一下现代办公空间设计要素。

1）彰显个性。现代社会经济飞速发展使得不确定因素增多，也使得个性化日益彰显。办公空间的设计风格不仅折射出行业的印记，还是企业形象和行业文化的重要载体。只有充分了解企业类型和企业文化，才能设计出能反映该企业风格与特征的办公空间，使设计具有个性与生命。具体操作办法是将形式、空间、质感、材料、光与影、色彩等要素汇集在一起，创造性地表达空间的品质和精神，并解决客户的功能需求。

2）使用功能决定布局形式。通过理解企业文化和类型以及内部机构设置，设计出能反映该企业风格与特征的办公空间。只有了解企业内部机构才能确定各部门所需面积设置，规划好人流线路。事先了解公司的扩充性亦相当重要，这样可使企业在迅速发展过程中不必经常变动办公室流线。

3）以人为本。随着时代发展，更多人注意舒适度，以此间接地提高工作的效率，这与办公的空间环境密切相关。舒适的环境可以舒缓职员紧张的神经，使其发挥更大的效率。办公室设计，应尽量采用简洁的建筑手法，避免采用过时的造型、繁琐的细部装饰或过多过浓的色彩点缀。在规划灯光、空调和选择办公家具时，应充分考虑其适用性和舒适性。形式应服从于功能，同时也应考虑到使用者的个性，使设计更具针对性，能与个性化主体的特征、品位、喜好、情趣等协调统一，营造出个性化的办公空间风格。

4）前瞻性设计。现代办公室，计算机不可缺少。较大型的办公室经常使用网络系统。规划通信、计算机及电源、开关、插座时必须注意其整体性和实用性。

5）倡导环保设计。作为环境设计者的室内设计师，应在工作设计中融入环保观念。环保节能设计就是要按照简洁、实用的原则进行设计。减少无谓的材料和能源的消耗，减少有害物质的排放，尽量利用绿色自然、生态环保的材料，确保室内的自然采光和通风，使环境安全舒适、洁净宜人。

1.2 办公空间设计的相关规范

1.2.1 防火防灾规定

1.2.1.1 消防布局

办公空间使用功能复杂，设备种类繁多，人员集中，为保证安全，国家对消防布局有一定的要求。受到建筑结构的制约、防火分区及安全疏散的基本要求等，在建筑设计和施工时一般都要经公安消防部门的审批和验收，因此必须按消防规范安排。

（1）高层建筑，每层每个防火分区最大允许面积为 $1000m^2$，设有自动灭火设备的防火分区的面积可增加 1 倍，达到 $2000m^2$。

（2）消防控制室宜设在高层建筑的首层或地下一层，且应采用耐火极限不低于 2h 的隔墙和 1h 的楼板与其他部位隔开，并应设直通室外的安全出口。

（3）高层建筑内的观众厅、会议厅、多功能厅等人员密集场所，应设在首层或二、三层；当必须设在其他楼层时，应符合一个厅、室的建筑面积不宜超过 $400m^2$，一个厅、室的安全出口不应少于两个，必须设置火灾自动报警系统和自动喷水灭火系统，幕布和窗帘应采用经阻燃处理的织物。

（4）高层建筑的安全出口应分散布置，两个安全出口之间的距离不应小于 5m。安全疏散距离位于两个安全出口之间的房间为 40m；位于袋形走道两侧或尽端的房间为 22m；另外走道过长时宜设采光口，单侧设房间的走道净宽应大于 1.3m；双侧设房间时走道宽应大于 1.6m，走道净高不得低于 2.1m。

（5）高层建筑内的观众厅、展览厅、多功能厅、餐厅、营业厅和阅览室等，其室内任何一点至最近的疏散出口的直线距离，不宜超过 30m；其他房间内最远一点至房门的直线距离不宜超过 15m。

（6）位于两个安全出口之间的房间，当面积不超过 60m² 时，可设置一个门，门的净宽不应小于 0.9m。位于走道尽端的房间，当面积不超过 75m² 时，可设置一个门，门的净宽不应小于 1.4m。

（7）高层建筑内走道的净宽，应按通过人数每 100 人不小于 1m 计算；高层建筑首层疏散外门的总宽度，应按人数最多的一层每 100 人不小于 1m 计算。首层疏散外门净宽不应小于 1.2m，单面布房 1.3m，双面布房 1.4m。

1.2.1.2　用材

（1）天花材料，一般不允许用大面积的易燃材料，如面积较小则必须按要求涂防火涂料。一般用金属龙骨安装石膏板或防潮钙化板、埃特丽板、矿岩板和金属板等。

（2）间墙用材，一般不允许用易燃材料（木材、易燃塑料）。若使用，则必须按要求涂防火涂料。

（3）装饰壁如有海绵、人造革、织物等装饰，则必须在其表面喷专用的防火涂料。

1.2.1.3　电器布线

（1）电线必须有足够线径担负所供电器的用电负荷。

（2）室内布线必须隐蔽在密封的管道或线槽内。

（3）在连接灯头或开关盒处，允许使用少量软管，但不能超过 1m。

（4）计算机设备用电，必须有专用电线供电，并且有独立和可靠的地线。

（5）天花照明的日光灯如果采用铁芯变压器，不能安装在天花上，必须安装在天花外的铁箱里。

（6）各种开关和插座的配置和选用，都必须符合电器安装规范，并且质量可靠。

1.2.1.4　防盗设施

（1）房屋结构方面，门窗要牢固，通常安装防盗门和防盗网。

（2）电子技术防盗，一种是视频监控；另一种是自动系统监控，即通过红外线或声响自动报警。

1.2.1.5　装修造型

（1）结构要牢固，如招牌、天花等的牢固性。

（2）造型尺度要符合人体功能和使用习惯。

（3）一些锐利坚硬的造型，要尽量避开使用者经常活动的空间。

（4）合理的空间、通道和楼梯的安排。

1.2.2　采暖、通风和空气调节

为了提高办公室效率，应使人体的温度调节技能处于最低活动状态，也就是创造令人舒适、愉快的温度和湿度环境。因此，众多办公楼采用空调系统。同时，空气调节能满足办公自动化设备正常运作的需要，并能延长设备的使用寿命。办公室内设备、照明等散热量比一般建筑大，也需要依靠空调系统消除余热。

采暖、通风和空气调节要符合以下规定：

（1）通风、空气调节系统应采取防火安全措施。

（2）甲、乙类厂房中的空气不应循环使用。含有燃烧或者爆炸危险粉尘、纤维的丙类厂房中的空气，在循环使用前应经净化处理，并应使空气中的含尘浓度低于其爆炸下限的25%。

（3）甲、乙类厂房用的送风设备与排风设备不应布置在同一通风机房内，且排风设备不应和其他房间的送、排风设备布置在同一通风机房内。

（4）民用建筑内空气中含有容易起火或爆炸危险物质的房间，应有良好的自然通风或独立的机械通风设备，且其空气不应循环使用。

（5）排除含有比空气轻的可燃气体与空气的混合物时，其排风水平管全长应顺气流方向向上坡度敷设。

（6）可燃气体管道和甲、乙、丙类液体管道不应穿过通风机房和通风管道，且不应紧贴通风管道的外壁敷设。

（7）采暖管道与可燃物之间应保持一定距离。当温度大于100℃，不应小于100mm或采用不燃材料隔热。当温度小于等于100℃时，不应小于50mm。

（8）宜采用不燃材料，不得采用可燃材料。

1.2.3　办公室照度标准

1.2.3.1　自然光照

办公空间的采光系数有一定的要求，如表1-2-1所示。

表1-2-1　　　　　　　　办公空间采光系数的要求

窗　地　比①	房　间　名　称
≥1：4	办公室、研究工作室、打字室、复印室、陈列室
≥1：5	设计绘图室、阅览室等
≥1：8	会议室

① 窗地比为该房间直接采光侧窗洞门面积与该房内同地面面积之比。

现代办公空间均为高层，很少能全部依靠天然采光，合理的天然采光是提高空间环境质量的重要手段。通常单面采光的办公室的进深不大于12m；面对面双面采光的办公室两面的窗间距不大于24m。

表1-2-2为天然照度系数和在自然光的照射下不同场所所需要的光通量（单位为勒克斯，lux）。

表1-2-2　　　　　　　　　　天然照度系数

场　　所	天然照度系数	相应工作面照度（lux）			
		晴　天	一　般	阴　暗	非常阴暗
长时间阅读	3	900	450	150	60
读书、办公	2	600	300	100	40
会议、讲堂	1.5	450	220	75	30
短时间阅读	1	300	150	50	20

1.2.3.2 人工采光

办公室照度推荐值见表1-2-3。

表1-2-3   办公室照度推荐值

办公空间类型	推荐照度（lux）	衡量位置
一般办公室	500	办公桌面
进深大的一般办公室	750	办公桌面
打印室	750	抄本
档案室	300	档案标签
设计绘图室	750	图板
会议室	750	会议桌面
计算机室	500	工作面
资料室	500	桌面

（1）照度分布均匀。办公室顶棚、墙面的照度最好应不小于1/15倍，同时不大于5倍工作面的照度。

（2）避免产生眩光。

1）直接眩光，可采取以下措施：减少引起眩光的高亮度面积；使用漫射透光材料；用遮光的办法控制光源。

2）间接眩光，可调整照明方向，避免光源和工作人员的视线同处于一个垂直平面内。

（3）光色的选择。高亮度暖色调光环境适于肌肉活动；低亮度冷色调光环境适于视觉和思维工作。

1.2.4　办公室噪声处理

首先我们要进行实地噪声勘测，并对勘测结果进行分析，确定噪声源的类型和区域，从而采取不同的方法来解决。办公区域间通常需要进行间隔墙的墙体隔声和天花及门窗隔声；会议室等通常需要进行楼板天花隔声、房间墙体隔声等室内隔声和外界的门窗隔声。隔声方案需要基于现场实际工况和要求（如声源类型、噪声级和频率、环境/环保要求、通风散热要求、降噪目标等），选用隔声材料，吸声材料、下水管隔声层、吸声隔断、自动换气隔声通风器、隔声毡、隔声密封胶条、吸声板、隔声吊顶、隔声墙、隔声地面、隔声窗、隔声门等产品进行隔声降噪方案设计。

1.2.5　无障碍

办公、科研建筑进行无障碍设计的范围应符合表1-2-4的规定。

表1-2-4   办公、科研建筑设计的规定

类型	建筑类别	设计部位
办公、科研建筑	● 各级政府办公建筑； ● 各级司法部门建筑； ● 企、事业办公建筑； ● 各类科研建筑； ● 其他招商、办公、社区服务建筑	1.建筑基地（人行通路、停车车位）； 2.建筑入口、入口平台及门； 3.水平与垂直交通； 4.接待用房（一般接待室、贵宾接待室）； 5.公共用房（会议室、报告厅、审判厅等）； 6.公共厕所； 7.服务台、公共电话、饮水器等相应设施

1.3 办公空间设计的尺度

1.3.1 普通办公空间人体尺度

普通办公空间常用人体尺度如图 1-3-1 所示。

普通办公室处理要点：

（1）传统的普通办公室空间比较固定，如为个人使用则主要考虑各种功能的分区，既要分区合理，又应避免多走动。

（2）如为多人使用的办公室，在布置上则首先应考虑按工作的顺序来安排每个人的位置及办公设备的位置，应避免相互的干扰；其次室内的通道应布局合理，避免来回穿插及走动过多等问题出现。

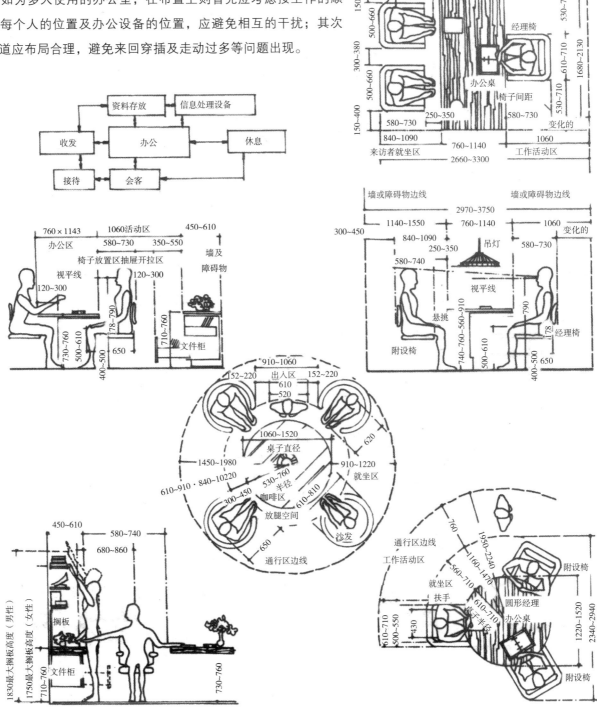

图 1-3-1　普通办公室常用人体尺度

1.3.2 开放办公空间人体尺度及平面配置

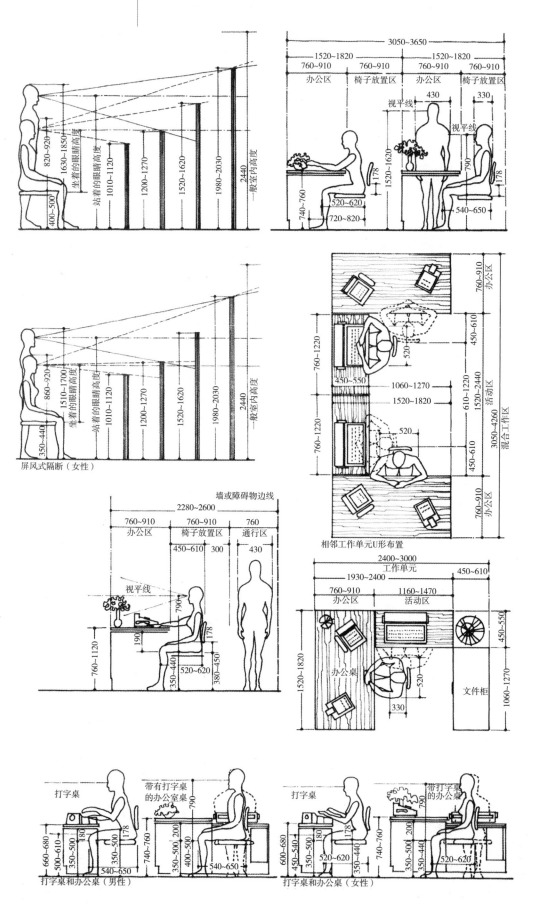

开放式办公室是国外较流行的一种办公室形式，其特点是灵活可变。空间划分主要由工业化生产的各种隔屏和家具完成。其设计处理的关键是通道的布置。单元应按功能关系进行分组。

开放办公室常用人体尺度如图1-3-2所示。

开放办公室平面配置举例如图1-3-3所示。

开放办公室单元构成形式举例如图1-3-4所示。

图1-3-2 开放办公室常用人体尺度

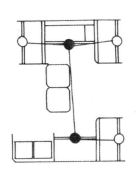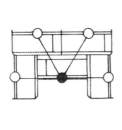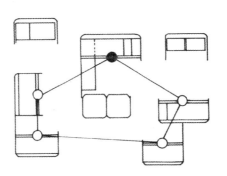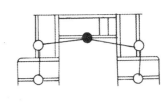

图 1-3-3 开放办公室平面配置举例

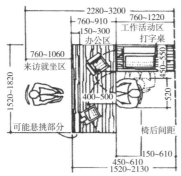

基本工作单元布置

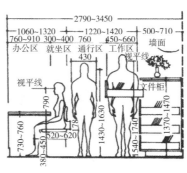

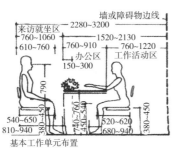

基本工作单元布置

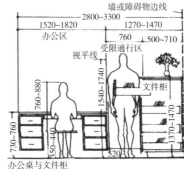

办公桌与文件柜

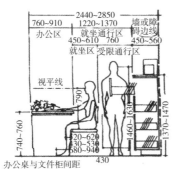

办公桌与文件柜间距

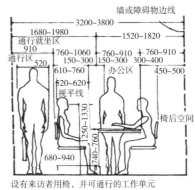

设有来访者用椅,并可通行的工作单元

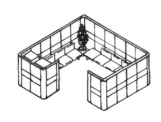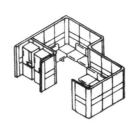

图 1-3-4 开放办公室单元构成形式举例

开放办公室室内空间与尺度如图 1-3-5 所示。

开放办公室景观透视与平面如图 1-3-6、图 1-3-7 所示。

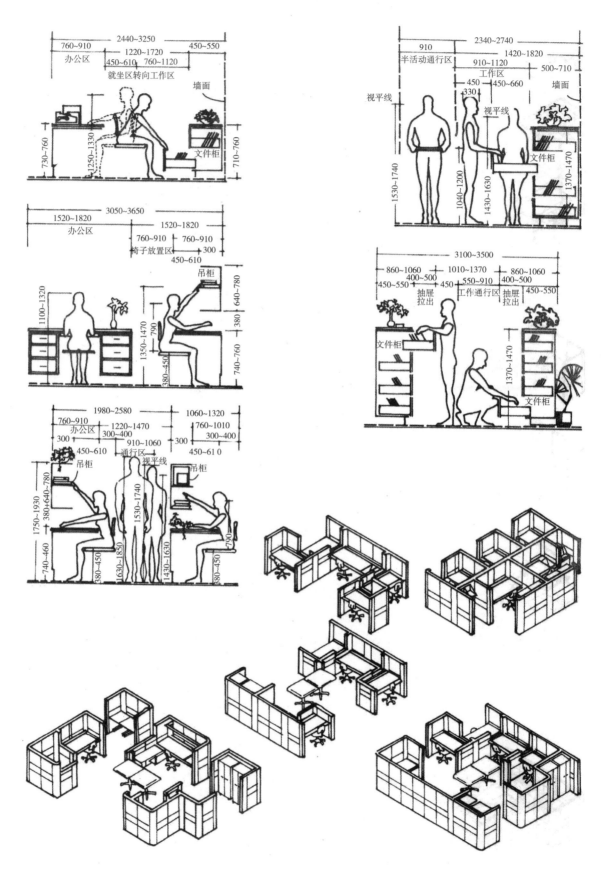

图 1-3-5 开放办公室室内空间与尺度

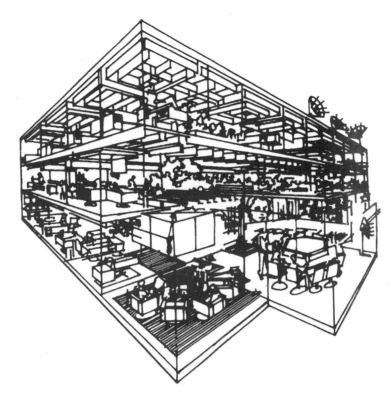

图 1-3-6　开放办公室景观透视

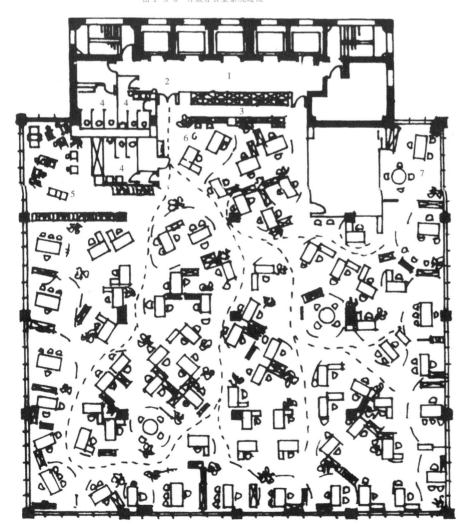

图 1-3-7　开放办公室平面举例

1—电梯厅；2—入口；3—衣帽间；4—洗手间；5—休息室；6—接待处；7—主管办公室

开放式办公室中常用家具尺寸如图1-3-8所示。

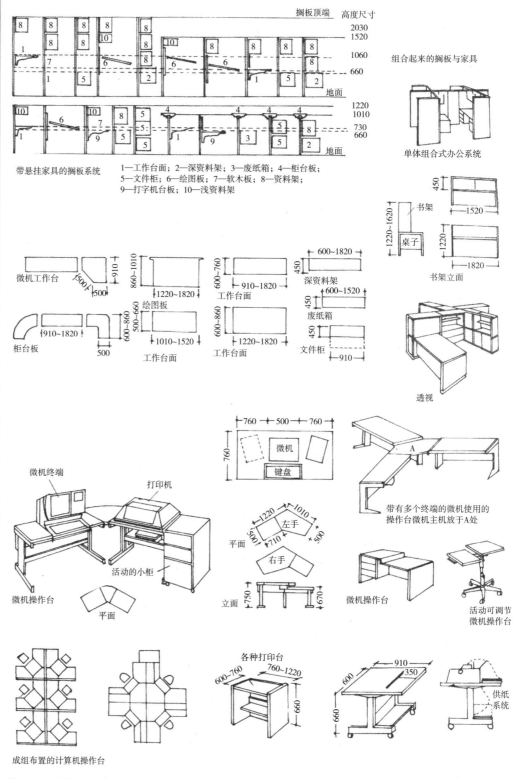

1—工作台面；2—深资料架；3—废纸箱；4—柜台板；
5—文件柜；6—绘图板；7—软木板；8—资料架；
9—打字机台板；10—浅资料架

图1-3-8　开放式办公室中常用家具尺寸

1.3.3　会议室人体尺度及平面配置

会议室常用人体尺度如图1-3-9所示。

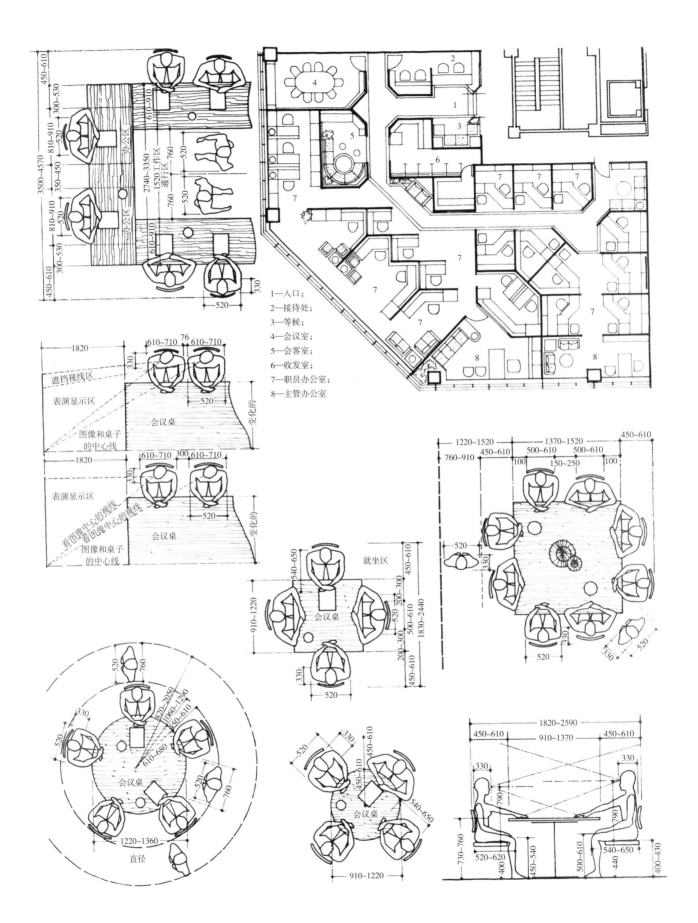

1—入口；
2—接待处；
3—等候；
4—会议室；
5—会客室；
6—收发室；
7—职员办公室；
8—主管办公室

图1-3-9 会议室常用人体尺度

会议室平面布局举例如图 1-3-10 所示。

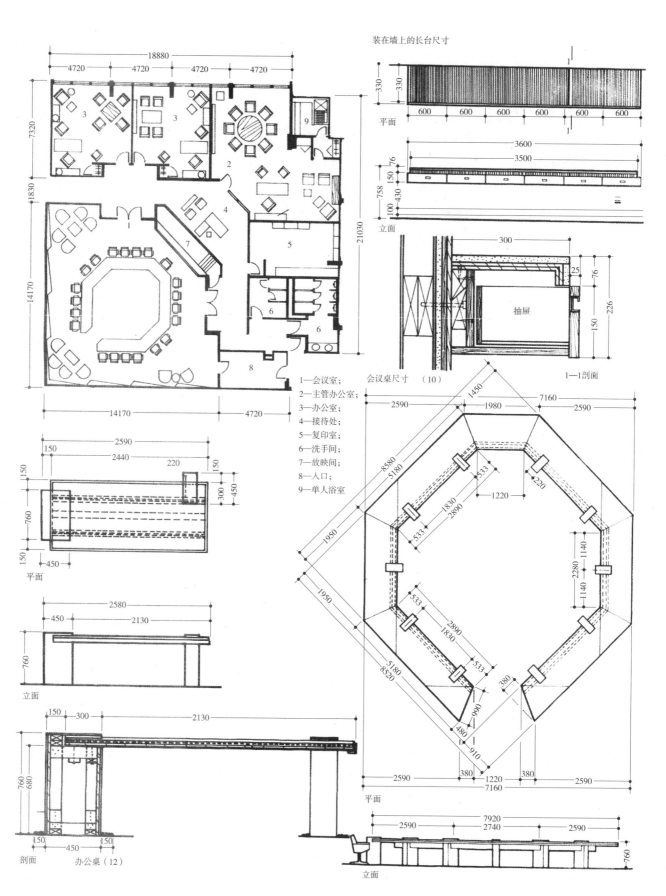

1—会议室；
2—主管办公室；
3—办公室；
4—接待处；
5—复印室；
6—洗手间；
7—放映间；
8—入口；
9—单人浴室

图 1-3-10 会议室平面布局举例

1.3.4　设计室平面布置

设计室平面布置如图 1-3-11 所示。

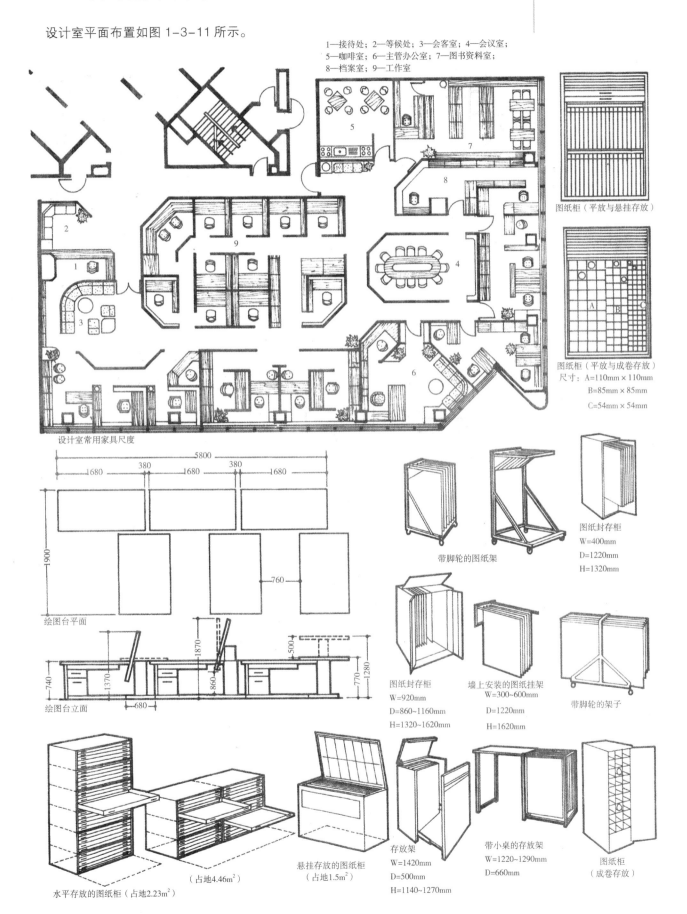

1—接待处；2—等候处；3—会客室；4—会议室；
5—咖啡室；6—主管办公室；7—图书资料室；
8—档案室；9—工作室

图纸柜（平放与悬挂存放）

图纸柜（平放与成卷存放）
尺寸：A=110mm×110mm
　　　B=85mm×85mm
　　　C=54mm×54mm

设计室常用家具尺度

绘图台平面

绘图台立面

带脚轮的图纸架

图纸封存柜
W=400mm
D=1220mm
H=1320mm

图纸封存柜
W=920mm
D=860~1160mm
H=1320~1620mm

墙上安装的图纸挂架
W=300~600mm
D=1220mm
H=1620mm

带脚轮的架子

水平存放的图纸柜（占地2.23m²）

（占地4.46m²）

悬挂存放的图纸柜
（占地1.5m²）

存放架
W=1420mm
D=500mm
H=1140~1270mm

带小桌的存放架
W=1220~1290mm
D=660mm

图纸柜
（成卷存放）

图 1-3-11　设计室平面布置

1.3.5 资料档案室平面布置

资料档案室平面布置及家具尺寸如图1-3-12所示。

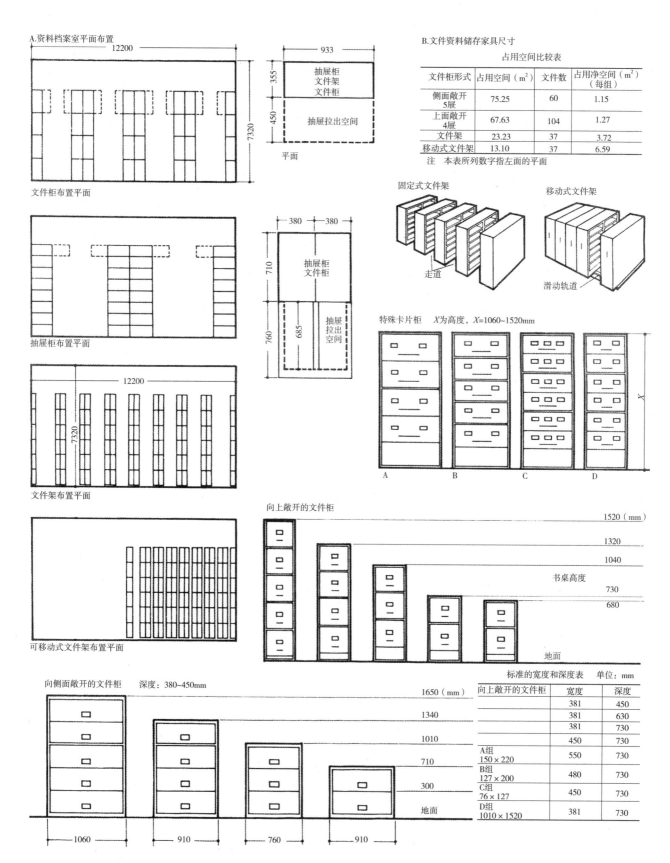

图1-3-12 资料档案室平面布置及家具尺寸

延伸阅读

图书：

1.《办公空间建筑与室内设计》，广州市建艺文化传播有限公司编，天津大学出版社2010年出版。

2.《世界室内设计》，肖然、周小又著，江苏人民出版社2011年出版。

3.《建筑设计防火规范》（GB 50016—2006），中国计划出版社2006年出版。

4.《城市道路和建筑物无障碍设计规范》（JGJ 50—2001），2001年建设部、民政部、中国残疾人联合会以建标［2001］126号文件发布。

期刊：

1.《世界建筑》，清华大学建筑学院主办，网址：http://www.wamp.com.cn.

2.《室内设计与装修》，南京林业大学主办，网址：http://www.idc.net.cn.

3.《照明设计》，《照明设计》杂志社主办，网址：http://www.pldchina.com.

网站：

1.室内中国，网址：http://www.idmen.cn.

2.美国室内设计中文网，网址：http://www.id-china.com.cn.

思考题

1.办公室空间有哪些类型？各有哪些设计要点？

2.高级行政人员办公室的室内设计要注意哪些方面？

3.办公类空间的服务用房有哪些？设计中应注意哪些问题？

4.办公类空间的照明设计有哪些特点？

Unit 2

第2章　现代办公空间设计的趋势

办公空间设计的发展与社会历史变迁、建筑发展、材料更替、设计风格转变、家具及设备发展、工作形态及规划技术等有着密切的关系。现代的办公空间是随着时代的发展，一步一步演化而来的，它既是对以往的办公空间的继承、延续和发展，同时又为办公空间的进一步发展、演变奠定基础。

通过本章学习，了解现代办公空间设计的发展趋势和发展方向，为设计适应信息时代发展要求的办公空间打好基础。

2.1 现代办公空间的环保节能趋势

对室内设计而言，环保节能设计就是要按照简洁、实用的原则进行设计，减少无谓的材料和能源的消耗，减少有害物质的排放，尽量利用绿色自然、生态环保的材料，确保室内的自然采光和通风，使环境安全舒适、洁净宜人。在大力倡导环保节能的现代社会，人们空前地意识到保护环境、节约能源的重要性，因此在办公空间设计上对于环保节能的要求也越来越严格。依照这个趋势发展，环保节能将是目前和未来室内设计的主题。怎样选择材料？怎样处理空间？如何做到办公空间的节能环保？这些问题将会在业界引起广泛探讨。本节逐一阐述未来办公空间的环保节能趋势在设计和实施中的具体体现。

2.1.1 环保趋势

2.1.1.1 轻装修重装饰

装修的工程概念由"装"和"修"构成。"装"即安装，是指水、暖、通风、电的安装；"修"为修缮，是指房屋结构的调整和防水。装修是满足日常生活的基础，是一切居室工程的大纲。没有装修就不可能有装饰。没有装修的装饰是没有基础的装饰，是浮华的装饰。

装饰的工程概念是装修加粉饰，是在装修基础上的升华，重视觉美感与触觉舒适感。装修和装饰本相互依存，是国人生活水平提升的重要标志。"轻装修、重装饰"的说法显然是装修理念的全面革新，是设计理念和工程理念的完全执行。写字楼办公空间的设计和装修越来越代表整个办公环境设计与装修的潮流趋势，体现着科技进步、设计理念进步、装修工艺进步的各种成果。抛开建筑设计当中主观因素的影响，我们可以清晰地看到：自然采光越来越受人们青睐；越来越讲究清洁、能源循环利用、节能环保；越来越多的个性化、人性化空间的出现；越来越多的高科技成果，如视频监控、消防管理、敏感报警系统等，应用于办公空间。这些代表着办公室写字楼设计和装修的趋势。

减少装修依赖，在室内设计中强调自然材质肌理的应用，能让使用者感知自然材质，回归乡土和自然。对表层选材和处理可以强调素材的肌理，并暗示其功能性来形成一种突破,比如大胆地、原封不动地表露水泥表面、木材质地、金属等材质,着意显示装饰素材的肌理和本来面目(图2-1-1),办公空间采用界面单一、用色纯粹、线型简洁的装饰。探究和开发常规材料的潜质,使其材质肌理具有特殊的表现效果,从而达到丰富空间效果的目的,这也是常用的"软设计"方法。"软设计"的方法很多,相对于"硬设计"而言,它注重设计技巧应用,注重挖掘设计要素的潜质和特色,使用材料少、施工步骤少,对资源的消耗也少、其环保性能是显而易见的。

装饰部分的设计可以提供更多个性化的选择。

2.1.1.2 材料再生及可循环

在发展低碳经济的道路上,低碳观念越来越平民化,办公空间设计也逐渐走向低碳化。在资源和环境双重危机的压力下,世界范围内的"低碳城市","绿色办公建筑"潮流逐渐兴起。低碳设计是以材料为起点,在办公空间设计各个环节做到低能耗、低排放、低污染。所以在低碳设计中,材料的使用十分重要。

图 2-1-1 线型简洁的装饰

办公空间装饰设计使用的材料不能加重自然环境的负载,宜采用低碳、可循环利用的装饰材料。譬如地板装饰尽量采 PVC 塑胶地板或者瓷砖(图 2-1-2、图 2-1-3)不使用原木和实木,减少树木砍伐;采用天然的板岩,不使用稀有昂贵的石材。

新型材料,减少耗费并可循环利用,从而减少对资源的耗费及对环境的破坏。时下兴起的"零材料费"装饰设计,是说这种装修的装饰材料成本极为低廉,接近于零。

图 2-1-2 塑胶地板

图 2-1-3 瓷砖地板

图 2-1-4 2010 上海世博会零碳馆

2010 年上海世博会零碳馆（图 2-1-4）由来自英国伦敦的 Zed Factory 公司设计，是中国唯一的零碳排放的公共建筑，它利用太阳能、风能及其他非传统能源来"自给自足"。

两栋造型别致的小楼，屋顶采用斜坡式设计，南坡是清一色的太阳能电池，共 65 块；北坡是一扇扇透亮的玻璃窗，窗户之间则是满眼翠绿的天景植被，中间还插着用于风力发电的风叶；房顶有一排特别的小建筑，像烟囱，又像是排风孔，能随着风的吹动而微微转动。利用房顶上这些随风灵活转动的五彩"风帽"，可将新鲜空气源源不断地送入建筑内部，再将室内空气排出。利用太阳能和"江水源"系统对进入室内的空气进行除湿和降温。墙体表面涂了一层特殊的荧光涂料，白天可以储存太阳能量，夜晚则将其释放出荧光，使整个展馆变成"会发光的房子"。

与一般建筑每天都要输入大量电力而输出废热、输入大量洁净水而输出大量废水、输入大量物资而输出大量垃圾的高能耗不同，零碳馆在设计上尽可能地不从管网中吸收能量，也不从自然界中浪费能源，而是收集周边的废物、垃圾，利用可再生能源，从浪费资源机制转为收集资源机制，从而实现了二氧化碳的零排放。

设计师还选定了日常容易获得的废旧衣架、牛仔裤以及 T 恤衫作为材料，采用最简单的手工裁剪和纽扣缝定工艺将废旧衣物固定在废旧衣架上，再画上各种导示标识，从而大幅度地降低了制造和工艺的成本。这个设计仿佛在大声地告诉人们，低碳生活不是高深的科学原理，它就在平凡的生活中。

在办公空间设计中，虽然不能做到像零碳馆这么高端的低能耗设计，但在材料选择上可以做一些提升。通常，装修所用的材料基本来源于装饰材料市场，如常用的地砖、石材、墙面材料、各种木板材等，而"零材料费"装饰设计所用的材料并非来自于建材市场，而是来自于无毒无害的生活和工业废弃物品，如棋子、纸杯、饮料罐、废报纸、一次性餐具等，是一种化腐朽为神奇的装修做法。

"零材料费"装饰设计的具体做法主要有以下几种：①利用低档材料创造高档装修效果。就是运用常见低价材料做非常规创造，运用艺术处理方法改变材质本来面目，赋予新的形态；②对生活中的物质再创造；③直接运用环保无害的生活垃圾和工业垃圾进行再创造。这是一种大胆的做法，根据找到的材料进行相应的设计，要求设计师具有较高的艺术素养，能打破常规，进行创造性设计构思，挖掘和开发材料特性，创造艺术化、个性化的室内空间。"零材料费"装饰设计施工中的工程，如雕刻、描绘、拼接、材质处理等都可以认为是一种艺术创作（图 2-1-5）。

"零材料费"设计法强调生态设计，注重环境保护，减少污染和浪费，它所具有的绿色环保、循环生态、可持续发展等特性，都是未来装修设计的发展趋势。

2.1.2 节能趋势

2.1.2.1 自然采光、通风

虽然办公室里不可能没有灯，不过自然采光依然备受青睐，因为自然光源不仅节能而且能提高工作效率。现在办公场所设计的趋势之一便是打开一块空间，让尽可能多的自然光线射入，同时还配有高大的窗户、天窗、太阳能电池板和中庭（图2-1-6）。对于其他的光源，向上照射灯和LED照明非常受欢迎，因为它们更节能，而且比普通的荧光灯更耐用。

建筑通风是生态建筑普遍采用的比较成熟的技术，自然通风应该取代机械通风和空调制冷，一方面可以不消耗能源而降温除湿，另一方面提供新鲜的自然空气，有利于人的健康。轻工业企业和污染较小企业的厂房应该更多地采用自然通风。

图2-1-5 用废弃的书籍作装饰

建筑的自然采光应与自然通风结合处理。主要是利用门窗和通风井道来实现。开窗对厂房的视觉效果至关重要。序列明确的开窗形式和构成效果强烈的开窗方式都可以取得很好的视觉效果。但其主次一定要分明，否则就会出现花和乱的感觉。工业厂房中高窗和天窗也十分重要，它们可以为大进深的空间提供更多的自然通风和采光，同时也能使建筑的立面轮廓线更加生动。

2.1.2.2 热辐射的调节

建筑的遮阳可以减少太阳热辐射降低室内温度。遮阳系统除利用较大进深的屋檐出挑外，还可以使用光回复技术。光回复是利用带折射角度的遮光帘导入光线和反射太阳热辐射技术。遮阳帘会在建筑的窗上形成密集的金属线，让建筑呈现出亮丽的现代肌理（图2-1-7）。

图2-1-6 玻璃屋顶　　　　　　　　　　图2-1-7 百叶窗

2.2 现代办公空间的个性化需求

2.2.1 科技的发展

20世纪以来，人类因科技发明不断影响生活形态，每一次革新和发明都与办公空间有关，对办公方式产生了巨大的影响。无线通信设备、个人计算机、互联网等都使办公方式产生了很大变化，提供了一个全新的信息平台，并具有持久、同步和轻便的特性，也改变了办公空间。

图2-2-1 有计算机的办公环境

随着新兴产业的不断涌现和发展，现代政务部门及现代企业的办公模式已逐渐出现工作方式多样性的需求趋势，办公空间设计和服务功能的多样性已成为新时代办公空间发展的主流。办公空间作为专业性和促进沟通交流的工作环境，已在布局和设计上发生了巨大变化。人类的办公效率在不断提高的基础上，开始向深度和广度扩展。办公自动化程度逐步加深，新型的办公模式不断涌现出来，传统的组织形态也将被颠覆。大型的文件柜和工作台的时代已成为历史，取而代之的是桌面上轻巧的计算机（图2-2-1）。很多公司因电信的普及和环保理念，采取"无纸办公"，减少大量的印刷品及纸质书信，用计算机储存档案，纸质档案的大量减少，使开放办公变成现实。吊柜、高柜的减少，使空间开阔，而办公台的形状，随着计算机的普及，120°的桌子提供3人、6人或者扇形的灵活组合，既美观又拉近了员工的工作距离。传统办公空间中的大会议空间已逐步退化，取而代之的是构成灵活、分布于各个区域的小洽谈空间。这是因为以传达为主要手段的全体会议已不能适应现代管理节奏，小型洽谈空间却可以随时为各部门小范围的商讨服务（图2-2-2）。因这类灵活性的需求，大部分办公室都变成智能化管理，这也使得办公设计理念向科技化方向迈进。远程工作、视频会议已得到进一步的广泛使用（图2-2-3）。而相对私密的空间，一方面可以保持安静的工作环境，提高工作效率，另一方面也是人性化管理的一种具体表现。

图2-2-2 适合多种工作状态的新型办公场所

　　全球经济一体化，给人们的生活及工作环境带来很大的变化。互联网的发达、计算机与移动通信设备的小型化，改变了人们对如何整体和局部管理企业这一问题的思维方式。上班族已经不再受时间和空间的约束，使工作不再局限在办公室内，家里、咖啡厅、旅馆、休闲度假中的场所等都可以处理公务（图2-2-4）。同时，网络化使城市中心地区的

图2-2-3　视频会议　　　　　　　　　　　　　　　　　　　　　图2-2-4　可以办公的茶水间

地理位置不再那么重要。工作的时间，也不再是朝九晚五，现在的工作没有停止的时候，没有地域的限制，人们可以随时随地，与世界另一个角落的人联络开会等。而航空业、通信的发达让商务人员只需持有手提电脑，即可在任何地方、任何环境下办公。办公室成为提供会议及交流的场所，办公室的生活形态也随之产生重大的变革（图2-2-5）。在这短短几年的时间内，办公室已经不再是一个既定的框框。这所有的变化首先取决于人的转变，其次是工作空间的灵活性变化和办公设备的改变。

图2-2-5　SOHO办公空间

2.2.2 文化的需求

和科技发展同样发展变化一起变化的，还有现代企业对文化的需求。当今经济水平不断增长，人们在得到丰富的物质享受的同时，更加需求高品质的精神文化享受。

20世纪90年代，随着经济的发展和国家对传统文化复兴的号召，人民群众中出现了收藏热，这就是对本民族传统的尊重，也是民族自信心的表现。人们越来越多地走进博物馆去感受祖先留下的灿烂文明。同时也对自己生活、工作的空间提出了更多的文化的要求。在这样的背景下，陈设设计就可以充当物质与精神的媒介，而彰显其重要地位。

文化的发展必须植根于大众之中，才会有长久的生命力，就可以更好地被传承发扬。由于历史的原因，我国许多优秀文化传统渐渐断裂，甚至消失。而反观我国的许多邻国在保持本民族传统方面很值得我们学习，特别是日本，他们学习了我国许多优秀文明并且传承发展至今，而我们却只能在古代文化典籍和绘画作品中获得一些残存的片段，这是一种文化的悲哀。只有对本民族传统文化珍之爱之，才能更好地提升国人对中华文明的自信心、自豪感。

图2-2-6 中式格调家具

大多数陈设品都是来源于日常生活中带有功能的使用器具，如图2-2-6所示的中式橱柜和灯具。许多器物制作越来越精美，具有观赏性，因而被用来作为陈设品，或者是为满足一种专门的生活习惯，而演变出一整套兼具实用与观赏的器具用于陈设，如茶道等；也有是为祭祀祈福而发明的专门陈设用器。在这些众多因素影响下，人们开始发现并重视陈设的作用，也开始关注它与文化的关联。

对于现代办公空间的设计而言，对陈设艺术作实验性文化比较，将文化传承寓于办公空间中，借以提高民族文化素养、公司文化格调，是适应现代社会发展的需要。

我国传统文化博大精深，陈设品的种类更是不胜枚举。企业在办公空间设计中可以融入传统陈设，来弘扬中华文化的精髓。中式的陈设可以糅合西方元素。如图2-2-7所示，中式家具摆设融入到西式的灯光处理、空间布局里，一面铺贴了银箔和书法字体的屏风丰富了空间成熟、庄重的气息，独特的设计让企业文化突出，个性化明显。

现代企业将树立企业形象作为企业发展战略的

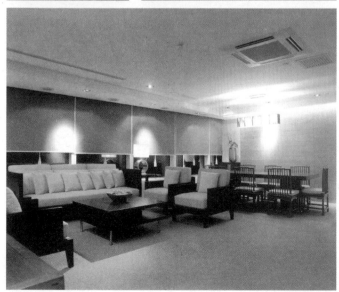

图2-2-7 中西合璧的办公空间设计

一项核心内容，而企业的办公空间正是展示企业形象与企业文化的一个重要载体。当代办公空间室内设计崇尚个性，激烈的市场竞争使得企业必须有鲜明的形象才能从众多的同类企业中脱颖而出，这也就直接导致对办公空间个性化需求的增多。通过对办公空间风格的把握，体现企业文化，增进工作效率，提升企业形象，会成为当下和未来办公空间设计的重要发展方向。

2.2.3 个性化需求

通信技术日新月异，使得现代办公空间的设计不断地推陈出新。在本着人性化设计理念的前提下，设计师更加不拘泥于固定的思维模式，办公空间设计将随着现代化办公方式转变而转变。而商业、艺术与文化的相互渗透，使得各类个性化空间脱颖而出，间接促使办公空间的设计体现人性化和个性化，注重自然环境及人文环境的协调统一，以及功能性和装饰性的统一。个性化是未来办公空间设计的方向，具体体现在空间风格、空间形态、空间照明、装饰色彩、家具陈设等方面。

一些高科技企业和设计行业的公司最先突破传统，他们要求将工作区设计成灵活、多功能及人性化的空间，把固定间隔减少，把老总办公室改成开放式，或用玻璃使办公室变得通透，又把临窗的区域用作开放办公区，使一般员工可以拥有景观及光线（图2-2-8）。

在信息时代，"人"的重要性被放置在空前的高度上，人文主义精神的重要性越来越凸显，这不是说科学主义精神不再重要，科学主义的进一步发展需要人文主义的支撑，它们相互依存。

图2-2-8 奇思机构办公室

展望未来，社会越来越个性化，人都希望随心所欲。个性化的生活观给设计师很多新的发现，设计师也有更宽的生存空间，人性化的设计越来越受人欢迎。认识新知识经济发展的主轴，人才能带动科技的发展，所以办公空间设计趋势是个人化的空间、机动的空间，沟通会很频繁。赋予办公空间设计艺术性、人性化，这样的设计会影响并潜移默化地改变使用者的生活和思维方式。办公室只不过是交流及面对面会谈的空间，但无论何时，办公室设计的目的只有一个，那就是为工作人员创造一个舒适、方便、卫生、安全、高效和健康的工作环境，以便更大限度地提高工作效率。

延伸阅读

图书：

1.《创意办公空间》，迈尔森、罗斯，项宏萍译，安徽科学技术出版社 2011 年出版。

2.《解构空间·办公空间》，管家晶、张辰生编，中国计划出版社 2006 年出版。

3.《企业文化的新视野》，陈丽琳著，四川大学出版社 2005 年出版。

4.《室内装饰材料设计与应用实验教学 2》，杨冬江编，中国建筑工业出版社 2012 年出版。

Unit 3

第3章 现代办公空间优秀案例

本章选取了国内外众多现代办公空间的优秀案例，以利于学生从事设计活动时，能灵活地运用。通过本章的学习，学生应了解办公空间设计的主题含义与作用，应掌握现代办公空间设计要点，并重点掌握几种常见的办公空间设计要求，以及各种类型办公室内空间的平面布局、色彩选择、家具选用特点。办公空间室内设计中色彩的运用对于提高员工的工作效率有着重要的影响。在学习本章节时，还要对基本照明、重点照明、装饰照明、综合照明等几种照明方式的具体运用有所了解。值得一提的是，了解当代办公室设计风格发展概况不应单纯从室内出发寻求各种风格的基本特征，而应联系当代的建筑、室内陈设、绘画等方面的发展脉络及形态特征，以归纳总结出其基本特征。

3.1 Nothing office by Joost van Bleiswijk

设计师：Alrik Koudenburg/Joost van Bleiswijk

建筑面积：100m²

所在地：新阿姆斯特丹

荷兰设计师 Joost van Bleiswijk 为新阿姆斯特丹广告公司办公室 Nothing 设计了一个纸板办公室室内空间。他使用了无螺钉无胶的施工方法，仅使用了 500m² 的强化纸板，1500 块纸板被固定在一起没有使用任何胶水和螺钉（图 3-1-1 ~ 图 3-1-10 ）。

图 3-1-1 会议室

图 3-1-2 办公区

图 3-1-3 接待区

图 3-1-4 墙面彩绘

图 3-1-5 员工办公间

图 3-1-6 趣味彩绘

图 3-1-7 员工办公间

图 3-1-8 走道

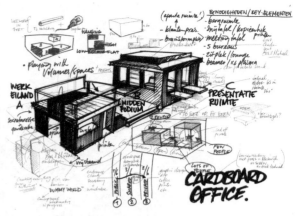

图 3-1-9 Joost van Bleiswijk 设计师的草图

图 3-1-10 茶餐厅一角

3.2 Group Goetz Architects Office

设计师：Lewis J，FALA，FLLDA，Mansour Maboudian，Assoc.ALA

建筑面积：1486m²

所在地：美国华盛顿

North Facade 的大楼坐落于历史悠久的乔治城区，沿着怀特赫斯特高架公路的方向。设计团队根据客户要求，将 Group Goetz Architects Office 打造成一个极具前沿性的工作空间，是集实用与时尚于一体的空间，设计师着重于灵活性与协作性的结合，有助于员工形成健康的工作习惯（图 3-2-1 ～图 3-2-3）。

图 3-2-1 接待室

图 3-2-2 休闲室一角

图 3-2-3 餐厅

　　设计师大胆的设计，不仅兑现了客户要求的低能环保式的设计要求，并且荣获由美国绿色建筑委员会颁发的 LEED2.0 白金证书。设计提升了 35% 的光能利用率，有效地使用照明设备以及日光应答控制系统，降低了照明设备的使用率，真实地体现了现代环保与室内设计的内在关系（图 3-2-4～图 3-2-8）。

图 3-2-4 会议室

图 3-2-5 咨询处

图 3-2-6 员工办公室一

图 3-2-7 员工办公室二

图 3-2-8 茶点间

3.3 Lego Office

设计师：Rosan Bosch，Rune Fjord Jensen

设计公司：Bosch & Fjord

所在地：丹麦比伦德

占地面积：100m²

位于丹麦比伦德的事务所是 Bosch & Fjord 设计公司为乐高集团开发部设计的办公空间（图 3-3-1 ～图 3-3-8）。从视觉上带来的色彩美感客观地给乐高集团开发部的员工和来访者营造了一种轻松舒适的办公环境。合作与交流对于任何一个跨国公司来说都是至关重要的，设计师考虑到跨国公司对空间的本质要求，在功能上多以自由开敞的交流区为主，接待处、咖啡厅和会议室的设计，都满足了公司对空间功能上的要求。

图 3-3-1 接待厅

图 3-3-2 休闲吧台（一）

图 3-3-3 会议室

图 3-3-4 休闲区（一）

图 3-3-5 休闲吧台（二）

图 3-3-6 休闲区（二）

图 3-3-7 小型会议室

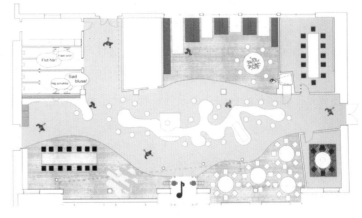

图 3-3-8 功能分区图

3.4 Government Office

设计师：Marnix van der Meer，Merel Vos

Ron Valkenet，Bart Kellerhuis

所在地：荷兰

施工方：Van Den Berg，Lopik

由 Marnix van der Meer，Merel Vos，Ron Valkenet，Bart Kellerhuis 共同设计的 Government Office Building Utrecht，是集时尚与实用于一体的办公空间，设计师将这个空间定格为办公室活动和景观氛围的工作环境（图 3-4-1 ~ 图 3-4-6）。员工们没有固定的工作空间，仅仅在需要的时候才使用适合自己工作的空间。功能分区包括集合房间、标准工作间、休息室及临时会议室等。每个区域根据不同功能由可辨识的建筑元素结合。这样的建筑物由自然材质构成，使空间具有了不同寻常的意味。在空间衔接上，设计师大胆地采用绿色花园的构思，将工作空间处理为一个具有惬意自然氛围的舒适环境。

图 3-4-1 休息区

图 3-4-2 可移动的家具划分功能区

图 3-4-3 临时会议室

图 3-4-4 集合房间

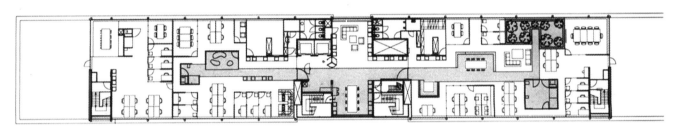

图 3-4-5 平面图

图 3-4-6 走道

3.5 Panoramic Garden

设计师：Sadar Vuga Architects

Sadar Vuga Architects 为斯洛文尼亚工商业联合会设计的公共空间宽敞且趣味横生（图3-5-1）。

由 Sadar Vuga Architects 为斯洛文尼亚工商业联合会设计的名为"全景花园"（Panoramic Garden）的办公室，将景观理念融入到办公空间中，使得办公空间变身花园，既实用，又充满趣味。阳光充足、种满植物，像绿色的丝带一样的曲线结构优雅地盘旋在空中，桌椅则不规则地散置在各处，工作团队可以根据需要将桌椅自由组合成办公区、会议室、餐厅等，光线和阴影戏剧性地巧妙叠加，配合遮阳状的结构，共同创造一个宽松的工作氛围（图3-5-2 ~ 图3-5-7）。

图 3-5-1 休息区

图 3-5-2 休息区一角

图 3-5-3 会议室一角

图 3-5-4 钢化玻璃外墙

图 3-5-5 会议室

图 3-5-6 "全景花园"建筑外观（一）

图 3-5-7 "全景花园"建筑外观（二）

3.6 Luminare

设计师：Hank M.Chao

建筑面积：1200m²

所在地：墨西哥

完工时间：2010 年 8 月

设计师 Hank M.Chao 对位于墨西哥城瓜特慕斯区的一栋功能性的建筑进行了翻修设计。为了避免破坏原有的遗迹和交通系统，在不破坏原有建筑的同时增加了附属物，使建筑既保持了原有风貌又体现了时代感（图 3-6-1 ~ 图 3-6-12）。

该设计的亮点在于新旧建筑的穿插，大楼有一个 L 形天台，设计师将天台进行了改动，以便适应新的需要，形成了两个室内露台，提供了额外的自然光和大楼内部的通风设备。其中一个露台有一棵大树，另一个则扩充了一个令人放松的喷泉。

图 3-6-1 办公空间外观场景

图 3-6-2 休闲区

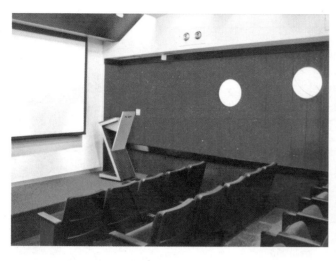

图 3-6-3 报告厅（一）

图 3-6-4 报告厅（二）

图 3-6-5 办公室

图 3-6-6 休闲中心

图 3-6-7 会议室

图 3-6-8 走廊灯光效果

图 3-6-9 走廊

图 3-6-10 办公室一角

图 3-6-11 会客厅

图 3-6-12 小型会议室

3.7 RI Office

设计师：Adrian Moreno，Maria Samaniego

所在地：厄瓜多尔·基多

建筑面积：82m²

位于 Quito Ecuador 的 RI 工作室是受 Company arquitecturax 的委托设计的。Adrian Moreno 和 Maria Samaniego 将原有的工作室改建并扩建成一个清新且强大的办公空间（图 3-7-1 ~ 图 3-7-9）。这项设计任务最大的挑战在于将原有的空间改造成一个灵活的、适应性强并且低造价的办公室，设计师的解决方法是清理所有平淡无奇的装饰，对所有的公共设施、混凝土和钢结构不加装饰，从而获得灵活实用的空屋子。枫木贴面夹板和用在所有表面的浮动地板拼制成家具，室内陈设的家具和物品都能根据需要随时更改。

图 3-7-1 入口一角

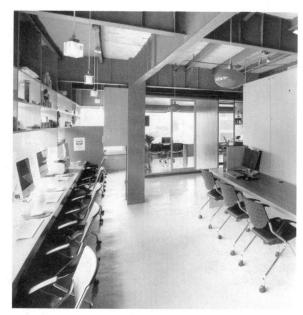

图 3-7-2 办公室一角（一）

图 3-7-3 办公室一角（二）

图 3-7-4 办公区域

图 3-7-5 独立办公室

图 3-7-6 过道

图 3-7-7 休闲区　　　　　　　　　　　　　　　　　　　　　　　　图 3-7-8 接待区

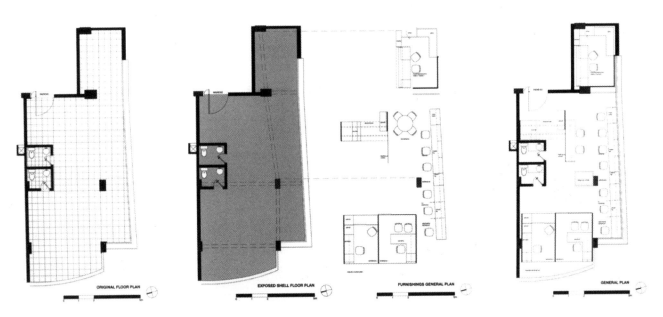

图 3-7-9 平面图

3.8　Net-A-Porter's Working Wonderland

设计师：Lan Fiona Livingston

所在地：英国伦敦

建筑面积：3716m²

Net-A-Porter 位于伦敦新城市购物中心 West field 顶楼，是由 Studiofibre 打造的。Net-A-Porter 办公空间是集时尚、独特、创意感于一体的品牌工作空间。

Studiofibre 和 Natalie Massenett 一起，将这个临时的、几乎工业化的外壳转变成了 Fiona Livingston 口中的具有光滑拱形天花板、定制现代家具、高雅慕诺拉吊灯、高耸格板门以及丰富色调的 "3716m² 的工作仙境"（图 3-8-1 ~ 图 3-8-7）。

图 3-8-1 开敞楼梯间

图 3-8-2 会客厅（一）

图 3-8-3 会客厅（二）

图 3-8-4 时尚的灯具

图 3-8-5 开敞办公室

图 3-8-6 走廊

图 3-8-7 餐厅

3.9 PTTEP Headquarters

设计师：HASSELL

设计公司：HASSELL

所在地：泰国曼谷

建筑面积：45000m^2

泰国的国家石油勘探公司 PTTEP 的室内设计是竞赛获奖设计，设计围绕一个新的室内楼梯打造了一个开放式的办公空间（图 3-9-1、图 3-9-2），楼梯贯穿了 18 个楼层，形成了物理空间和视觉上的连接。

图 3-9-1 二层休闲区

图 3-9-2 二层休闲区一角

休息区与中心区域被布置在楼梯平台的旁边，意在加强员工间的互动交流并提升部门之间的视觉联系（图 3-9-3）。服务用房布置在中庭周围，以保证办公空间能够尽量获得自然采光。该开放平面设计方案对于 PTTEP 来说是一次重大的改变，使他们能够强化企业文化（图 3-9-4 ~ 图 3-9-17）。

图 3-9-3 楼梯

图 3-9-5 走廊（一）

图 3-9-4 走廊一角

图 3-9-6 走廊（二）

图 3-9-7 接待大厅

图 3-9-8 餐厅

图 3-9-9　会议厅（一）

图 3-9-10　会议厅（二）

图 3-9-11　小型会议室

图 3-9-12　小型会议室室内

图 3-9-13　办公区

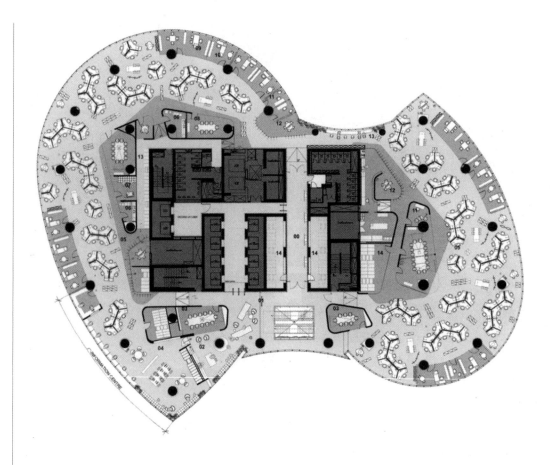

图 3-9-14 二层平面图

图 3-9-15 一层休闲区

图 3-9-16 休闲区一角

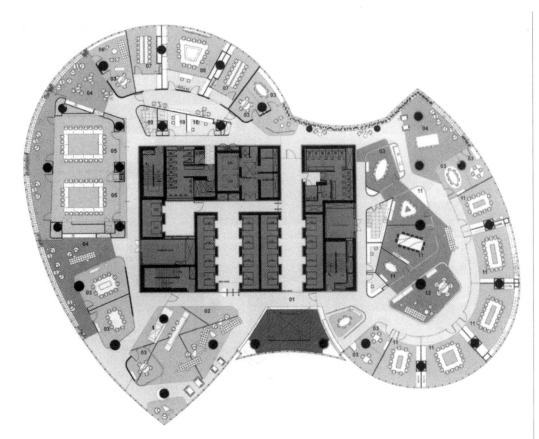

图 3-9-17　一层平面图

3.10　DWJ Office

设计：TORAFU 建筑设计事务所

建筑面积：962.37m²

所在地：东京

该项目是为 DWJ 矿泉水产品海外销售部设计的一个办公间的内部装修。在 962.37m² 空间里，设有约 30 名员工使用的 8 间办公室和 8 间会议室。客户要求办公空间的设计能够体现公司的经营内容，并且要具有隔声和隐秘性功能，同时还要是个开放的空间。

TORAFU 建筑设计事务所设计了一个细腻、独特，反映 DWJ 产品内涵的办公空间（图 3-10-1 ~ 图 3-10-10）。

图 3-10-1　走廊

图 3-10-2 展示走廊

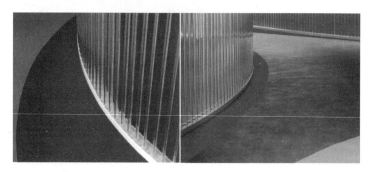

图 3-10-3 走廊地面细部

图 3-10-4 办公室一角

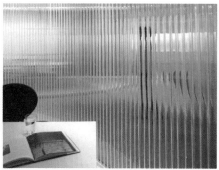

图 3-10-5 玻璃管质感隔断

图 3-10-6 走廊细部

图 3-10-7 独立式办公区域

图 3-10-8 餐厅

图 3-10-9　休闲小吧

图 3-10-10　会客区

3.11　上海港务大楼 Shanghai Harbour Building

设计师：张建平

建筑面积：57782m²

所在地：上海

位于上海市虹口区东大名路北外滩的上海国际港客运中心港务大楼是上海客运中心总体工程的组成部分，大楼总建筑面积 57782m²，其中塔楼占地面积 1500m²，平面呈曲线边等幅三角形，建筑南立面及东南立面采用双层呼吸幕墙，外层为"X"形铝合金框架，达到美观和节能的效果。

大堂入口大厅地面，圆柱均采用进口天然石材，墙面使用仿金属饰面和仿天然云石墙面的安全玻璃模块，墙面内设计了 LED 照明系统，产生了发光墙面的效果，展现了该建筑的简洁、清亮、时尚的风格（图 3-11-1 ~ 图 3-11-5）。

图 3-11-1　大厅

图 3-11-2　一楼走廊

图 3-11-3 餐厅

图 3-11-4 报告厅

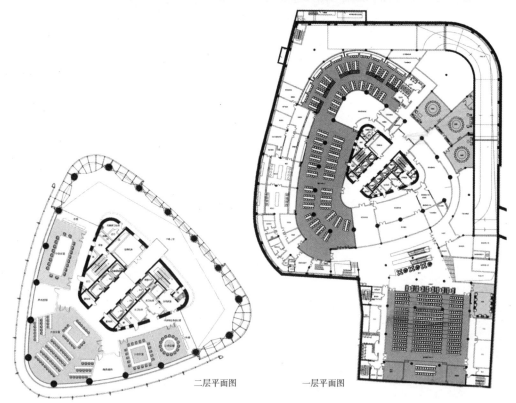

二层平面图　　　　一层平面图

图 3-11-5 平面图

3.12 Easy-Way International Group Headquarter

设计师：洪嘉彦、杨雅惠、周劭璠、田馨祯、吴旭峰

建筑面积：室内：2260m²

室外：645m²

所在地：中国台湾

本设计方案坐落于五股工业区内、五股五权路圆环上。根据客户的要求，设计师在设计上不仅需要划分一般性的办公空间，同时将餐饮集团总部接待中心作为另一空间目标。因此，在初步设计方案上，除了划分行政和主要办公空间外，设计师充分考虑了接待区的需求配置，使得整个方案更具展示感和通透性。原来只是单纯的办公室，通过玻璃等通透的材料和开放的设计，空间显得更像是研发实验室或设计研究室。

就空间设计的功能和实用性来说，办公空间不仅应具备严谨稳重的态度，也应有轻松休闲的氛围（图3-12-1～图3-12-11），这样有助于办公人员相互获取和交换信息。

图3-12-1 接待厅

图3-12-2 楼梯

图 3-12-3 主管办公室

图 3-12-4 一层走廊 (一)

图 3-12-5 一层走廊 (二)

图 3-12-6 连接一层和二层的阶梯

图 3-12-7 接待大厅

图 3-12-8 餐厅

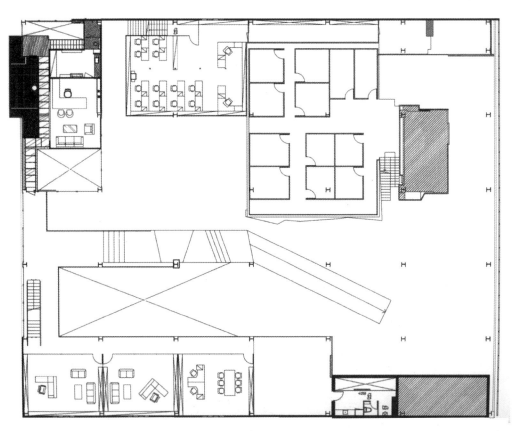

图 3-12-9 一层平面图

图 3-12-10 独立办公室

图 3-12-11 办公区内部走廊

3.13 Industrial Re-revolution Royal Spirit Office

设计师：蔡明治

建筑面积：4004m²

所在地：中国香港

完工时间：2010 年

位于中国香港的 Industrial Re-revolution Royal Spirit Office 是一家纺织厂，设计师根据纺织业的特殊背景，将这次设计任务定格为重塑经典，提出"工业再革命"，将这间纺织公司改建并重新规划，唤起人们思忆纺织业曾带给香港经济的繁荣。新旧元素的碰撞，既迎合了时尚潮流，又重塑了经典（图 3-13-1 ~ 图 3-13-13）。

图 3-13-1 接待厅一角

图 3-13-2 走廊

图 3-13-3 接待大厅

图 3-13-4 休闲区

图 3-13-5 室内一角

图 3-13-6 休息区

图 3-13-7 餐厅一角

图 3-13-8 餐厅及休闲区

图 3-13-9 会客区

图 3-13-10 卫生间

图 3-13-11 洗手间一角（一）

图 3-13-12 洗手间一角（二）

图 3-13-13 会议室

3.14 Modern Simplified Office

设计师：杨焕生

建筑面积：116m^2

所在地：中国台湾台中市大里区

该案例坐落于整排传统街屋的二楼办公室，前方为一座大型万坪公园，办公室的入口隐藏在传统街屋的立面中，像刻意隐蔽的世外桃源入口。

办公室的一楼入口处理成一个富有现代感的小空间，它联系着二楼的走廊和以白色为基调的入口墙面，增加了空间的开阔性。二楼空间巧妙利用自然采光，借景于室外环境。接待区则设计为开放式的工作区和交流区。整个室内环境巧妙地穿插融合，浓郁的生活气息和雅致的工作环境使得员工在舒适放松的氛围中自然而然地提升了工作效率（图 3-14-1 ~ 图 3-14-9 ）。

图 3-14-1 会客区

图 3-14-2 会客厅

图 3-14-3 休闲区（一）

图 3-14-4 休闲区（二）

图 3-14-5 休闲区（三）

图 3-14-6 办公区（一）

图 3-14-7 办公区（二）

图 3-14-8 洗手间一角

图 3-14-9 洗手池

3.15 XMS Media Gallery

设计师：范赫铄、陈弱千、陈鼎翰、杨基辰

钱欣、陈上方、陈普、蔺心皓

建筑面积：120m²

所在地：中国台湾

XMS Media Gallery 工作室的设计是为一支特别工作方式的设计团队所设计的，设计师针对团队每天多为对话、沟通、互动与融合的工作模式，大胆构思，引入混合媒介，以凸显新生活空间为设计理念。建筑物坐落于繁华区的一栋面临改建的四层旧式公寓，鉴于这样的情势，Moxie 的设计师奇巧地将现代元素注入室内空间，形成了强烈的视觉对比（图 3-15-1 ~ 图 3-15-10）。

图 3-15-1 开放式咖啡角

图 3-15-2 教学演示区

图 3-15-3 演示厅

图 3-15-4 办公区（一）

图 3-15-5 办公区（二）

图 3-15-6 办公室

图 3-15-7 走廊一角

图 3-15-8 会议室

图 3-15-9 走廊

图 3-15-10 绘图室

延伸阅读

图书：

1. Office Architecture and Design，LaraMenzel，Braun Publishing AG，2009。

2.《怡悦·办公》，博远空间文化发展公司编，江苏人民出版社 2011 年出版。

3.《思域办公》(Thought In Space)，香港视界国际出版有限公司编，江西科学技术出版社 2011 年出版。

4.《顶级办公》(Top Office)，香港视界国际出版有限公司编，华中科技大学出版社 2012 年出版。

网站：

1. 矩阵纵横（Matrix In Erior Design)，网址：http://www.matrixdesign.com.cn.

2. 室内设计师，网址：http://www.idzoom.com.

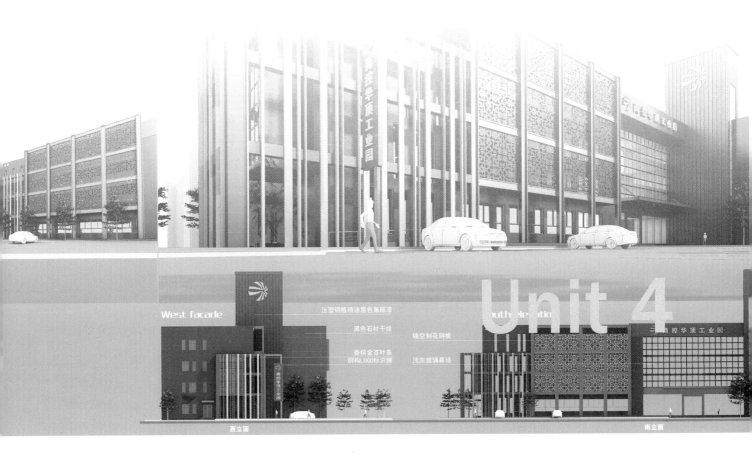

第4章 办公空间设计案例流程

4.1　办公空间设计的一般流程

办公空间设计基本流程一般以开始某一办公项目设计为开端，完成各种分析，而后以实际项目完成为结束。尽管办公空间设计师所使用的各种技术和术语不尽相同，但一项设计的基本创作过程一般可以分为 4 个阶段：第一，施工前的准备工作；第二，方案设计阶段；第三，设计实施阶段；第四，施工完成阶段。

4.1.1　设计前的准备工作

做好前期的沟通准备，是办公空间设计非常重要的环节。

1. 前期沟通咨询

（1）签订合同。接受委托任务书，签订合同。

（2）制订设计计划。明确设计期限并制订设计计划进度安排，考虑各有关工种的配合与协调。

2. 资料收集

（1）访问调查。首先要与客户进行接洽。设计方安排专业人员或者办公空间设计师接待客户来访，初步了解客户的办公地点、公司概况和设计要求，明确设计任务和要求，如室内设计任务的使用性质、功能特点、设计规模、等级标准、总造价，根据任务的使用性质所需创造的室内环境氛围、文化内涵或艺术风格等。同时详细解答客户想了解、关心的问题。

（2）资料整理。收集分析必要的资料和信息，包括对现场的调查踏勘，获得完整的基本平面数据，包括建筑平面图及结构图；收集相关资料，包含建筑的、历史的、社会的，以及对同类型实例的参观等；设计师研究客户的建筑施工图纸及规划中的各种关系，如工作之间的相互关系、公共与私密空间的分区、特殊声学要求等，为设计做准备。

4.1.2　方案设计阶段

整个办公设计过程是一个综合过程，将许多不同因素结合到一起或称为一个有机整体。设计方（即乙方）和客户（即甲方），双方如果能在项目开始前把设计的细节都沟通到位，设计前的工作做得深入，办公空间设计师就会更加接近实际解决方案，那么实施起来就相对容易些，创造性的飞跃也会来得更快捷。

1. 平面方案设计

设计师根据客户对装修的具体要求和思想提出初步的设计构思，画出平面功能布局草图。平面图是概念设计阶段图面作业的主题。

2. 方案沟通

（1）客户按约定时间与设计方沟通初步设计方案，设计师详细介绍设计思想。

（2）客户根据平面图和设计师的具体介绍，对设计方案提出建议并进行修改。这是个反复的过程，直到双方都认可通过为止。

3. 确定方案

（1）整理修改后的设计方案，确定平面空间布局。

（2）客户最终确定平面设计方案。

4. 空间设计

（1）在概念草图的基础上，深入设计，进行方案的分析和比较，制作立体效果草图。反映空间方面的草图是方案设计阶段图面作业的主题。

（2）跟客户沟通交流，反复讨论后定稿，继而开始实际效果图制作。

5. 设计表现

（1）效果图。3D软件制作模型，展示透视效果、材质效果、陈设的形态与彩色，或者更高要求的灯光设计。

（2）动画。如果时间和技术允许，做室内空间的动画展示，让客户能 360° 全方位地了解空间设计。

（3）设计师要很好地把握整体设计风格，清楚客户的喜好及审美情趣。在选择陈设过程中与客户进行有效的了解和沟通。双方反复沟通后，最后确定方案整体效果。

6. 深化施工图

（1）测量现场。按约定时间，设计师实地测量欲装修场所的面积及其他数据。

（2）绘制施工图。施工图设计阶段需要补充施工所必要的有关平面布置、室内立面和平顶等图纸，还需包括构造节点详细、细部大样图以及设备管线图，并编制施工说明和造价预算。

4.1.3　设计实施阶段

为了使设计取得预期效果，室内设计人员必须抓好设计各阶段的环节，充分重视设计、施工、材料、设备等各个方面，并熟悉、重视与原建筑物的建筑设计、设施设计的衔接，同时还须协调好与建设单位和施工单位之间的相互关系，在设计意图和构思方面取得沟通与共识，以期取得理想的设计工程成果。

1. 答疑

室内工程在施工前，由甲方召集设计负责人、施工负责人、工程监理到施工现场，进行设计意图说明及图纸的技术交底；具体敲定，落实施工方案，对原房屋的墙、顶、地以及水、电进行检测。

2. 现场

工程施工期间需按图纸要求核对施工实况，有时还需根据现场实况提出对图纸的局部修改或补充。

4.1.4　施工完成阶段

1. 验收

施工结束时，会同质检部门和建设单位进行工程验收。

2. 整改

如在验收汇总发现问题，商量整改；如验收合格，项目完结。

4.2 案例分析

4.2.1 项目介绍

武汉商控华顶工业孵化器有限公司成立于 2009 年 8 月 12 日，由武汉市国有控股投资公司和民营工业地产商共同投资建设。商控华顶工业园办公楼位于葛店经济技术开发区最佳位置，是武汉东南交通枢纽，园区交通便利，产业环境较好。园区依托光谷产业优势吸引杰出人才，发挥葛店开发区资源及技术优势，将园区建设成武汉城市圈最具影响力的现代制造业基地、生物医药产业基地、科技创新基地。自成立之初，公司即定位于中小企业配套服务的提供商和运营商，利用湖北省葛店经济技术开发区周边良好的产业环境及东西部、沿海产业转移的契机，在充分吸收国内部分工业园建设、开发及运营等成功经验的基础上，创造出"一园二服务四平台"的商控华顶模式，并在全国各地有选择地进行复制。商控华顶工业园采用现代化的工业标准厂房，突出经济性和环保性，同时根据企业需求定制个性化厂房，各厂房既能独立、形成组团，又能相互联系、有效对接。园区既有独立的工作、生产区域，又有完善的生活环境、活动空间。整个园区如同小社区，使园区的生产者置身于和谐、舒适的生活环境中。

该办公楼为工业园主体建筑。建筑平面为"L"形 4 层办公楼，建筑面积约 5000m^2（图 4-2-1）。

图 4-2-1　办公楼现场照片

4.2.2　设计依据

（1）本项目的装修设计招标文件、设计任务书、建筑设计图、结构设计图、机电设计图。

（2）设计规范及标准：

1）《全国室内装饰行业管理暂行规定》；

2）《室内装饰工程质量规范》；

3）《建筑制图标准》（GB/T 50104—2001）；

4）《CAD工程制图规范》（GB/T 18229—2000）；

5）《办公建筑设计规范》（JGJ 67—89）；

6）《建筑内部装修设计规范》（GB 50222—1999）；

7）《民用建筑工程室内环境污染控制规范》（GB 50325—2001）；

8）《室内装饰装修材料人造板及制品中甲醛释放限量》（GB 18580—2001）；

9）《室内装饰装修材料溶剂型木器涂料中有限物质限量（GB 18581—2001）；

10）《室内装饰装修材料内墙涂料中有限物质限量》（GB 18582—2001）；

11）《室内装饰装修材料胶粘中有限物质限量》（GB 18583—2001）；

12）《室内装饰装修材料木家具中有限物质限量》（GB 18584—2001）；

13）《室内装饰装修材料壁纸中有限物质限量》（GB 18585—2001）；

14）《室内装饰装修材料聚氯乙烯卷材地板中有限物质限量》（GB 18586—2001）；

15）《室内装饰装修材料放射性核素限量》（GB 6566—2001）；

16）《建筑装饰装修工程施工质量验收规范》（GB 50210—2001）；

17）其他国家及地方现行相关规范及标准文件。

4.2.3　设计风格及要求

业主希望借此建筑提升工业园整体形象，使其由外而内成为葛店新工业园区的标志性建筑，希望其整体风格以现代、简洁、大气、庄重为主，与国内沿海发达地区的一流写字楼格调看齐，体现新现代感、当代性。设计风格以简洁为主，装饰配套要突出时代要求，体现轻装修重装饰的设计原则。

公司文化的核心理念为"做事文化"，即要在做事中做人，做人中做事，做好每件事，天天好心情。设计要充分体现和谐工作文化特色，要把独具特色的内涵与以人为本、现代舒适的工作空间搭配。充分利用有限空间做到舒适轻松与大气庄重的结合，美观与简约、轻松与庄重、现代与底蕴又要协调统一。

功能空间要包括外立面改造、一层入口门厅、独立办公室（13间）、总经理办公室、部门经理办公室（5间）、大会议室（1间）、小会议室（1间）、贵宾接待室、财务资料室（1间）、茶吧、档案室（1～2间）、员工工作区域、杂物间、屋顶花园等。重视功能布局的合理性，可按照部门为一区域的设计手法，重视对声光环境的设计，包括人造光源设计、自然光源环境设计以及相应的避光、隔声和吸声措施。利用自然采光、通风，采取合理有效的措施，尽力降低能源消耗，体现环保节能观念。总经理办公室及重要办公区域必须满足自然采光通风。

设计要求重点融入现代科技感及重点区域体现一定的文化意韵。其重点区域主要为：

（1）外立面改造；

（2）一层入口门厅；

（3）总经理办公室；

（4）小会议室；

（5）贵宾接待室；

（6）茶吧；

（7）屋顶花园。

4.2.4 人员及时间表

1.设计及制作人员

（1）主任设计师1人：负责项目的创意构思及设计管理。

（2）设计师助理1人：辅助设计师进行设计及项目管理。

（3）设计表现团队6人：CAD制作组3人负责项目CAD方案及施工图制作。

（4）表现图制作组3人：负责项目的所有的设计及文本制作。

2.制作时间进度表

（1）平面方案的设计5个工作日完成。

（2）平面方案深化及初步空间设计6个工作日完成。

（3）设计表达效果图制作8个工作日完成。

（4）施工图设计及绘制12个工作日完成。

（5）设计文件汇编3个工作日完成。

4.3 案例设计构思

4.3.1 设计理念

设计是整个装修工程中的灵魂，办公室装修更需要科学、人性化的设计，合理地显示空间布局，充分利用办公空间资源，解决客户朋友的功能要求。个性化办公空间非常重要的一点就是展现企业形象，满足企业精神和发展理念。整个办公楼设计应该也必须创造性地解决客户的要求，营造一个符合企业品质并且舒适、健康、富有人性的办公环境，使企业的精神文化在各个角度体现出来。

基于此，在为商控华顶工业园办公楼的整体装修设计考虑方案时，设计团队为迎合其现代的个性化办公氛围，特提炼出"大方，无隅"的主题。本案就其现代和高科技的气息，用象征化的表现手法、多元化的设计元素，整合不同的元素反映公司的身份和地位，力求整体风格协调、清新、大气，与企业气质内外浑然一体，展现出富有深刻内涵的视觉空间及该企业独特的个性与特点，将工业复苏这一时代特性渗透于整个空间，既凸显阳刚的工业企业特质，又蕴含公司新兴而极具冲击力的蓬勃发展之势！

4.3.2 办公楼各要部设计理念阐述

1. 一楼大堂（图4-3-1）

为了让人时刻感受到欢迎的氛围，设计师把大堂设计成迷人、舒适、大气的休闲空间，精美的落地窗使得大堂充满自然光线，质朴的色彩与形态蕴藏着强大的能量与智慧，

黑、白、灰的搭配使得大堂产生冷静的气质。点形散落在顶上的石英照明壁灯、线形的灯具、线形的装饰、统一的石材柱子、简单而统一墙面、地面、天花，隐喻着"点"、"线"、"面"设计元素的概念。使之展现出丰富的节奏韵律。体现现代办公空间的理念，配上经典的家具，简单的色彩搭配又披上一层文化气息。空间氛围独特，时尚而不刻板，豪华而不奢华，看似没有设计，却凸显一种静谧的空间形态。

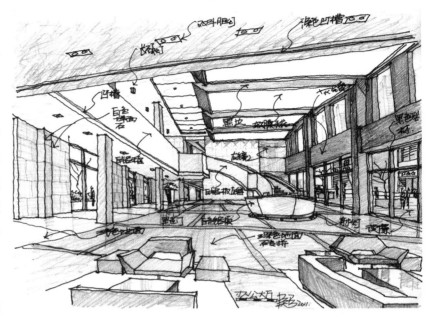

图4-3-1 一楼大堂设计草图

2. 三楼小会议室（图4-3-2）

打破以往人们对会议室的理解。设计上不仅追求尺度感所带给人的视觉张力，同时也关注着各种材质表现纯净而充分地展现每个空间。用木地板做天花板，添加几条装饰线打破呆板的整体木头装饰面，让空间多几分灵动，显得气宇轩昂。墙面大胆采用大理石上墙，墙面分割线为3mm×3mm的V形缝，代表着严谨和细致，铺陈出一派纯洁高贵的气质。冷暖相宜的灯光影调，点染室内的立体感。

3. 三楼总经理办公室（图4-3-3）

严谨、负责、勤俭为传统，特摒弃了一切繁文缛节的矫饰，一切尽在实用、明快而流

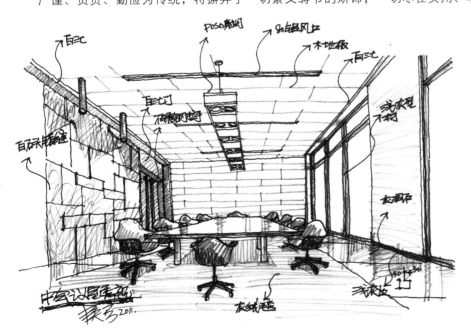

图4-3-2 三楼小会议室设计草图

图 4-3-3 三楼总经理办公室设计草图

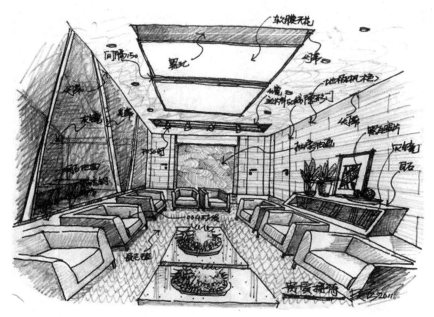

图 4-3-4 四楼贵宾接待室设计草图

畅的格局中；配合现代办公环境的追求，设置实用与展示性相结合的整墙书柜，旁倚商务型老板桌，既陈设精雅、品位清亮、格调一致，又可于繁忙后赏窗外风光、待客会友；简洁的吊顶，不仅照顾到了办公、会客区的灯光划分，而且还在变化中呼应着整室安静、清澈的自然感，不落俗，不花哨，实为一恬静、清爽、适宜沉静思考的好居室。

4. 四楼贵宾接待室（图 4-3-4）

贵宾接待室区别于其他的会议室，三面墙用原木做装饰面，让人感觉空间温暖而优雅。另一面选用全副灰镜，用光带有序分割，银灰调赋有高科技的味道，透露着年轻的公司的面貌，这种巧妙的设计其实也可以充当镜子，为简约的空间创造一些想象。考虑到属于贵宾接待室，家具选用比较宽松大气稳重的黑色皮质沙发，与明朗素雅的主幕墙在对比中达成和谐，不仅持续了风格的统一，还传递着现代企业的文化信息。而且色调淡雅的地毯还突出了接待厅亲切、和睦、宽松的氛围，使安静而坦诚的晤谈气氛盎然一室。

5. 四楼茶吧

所有天花、地面、墙面等，一切暴露在外的表面，无不被精心地装饰一番。空间中运用最多的材料是木头。运用"起承转合"的处理手法，让封闭、半封闭以及敞开空间和谐地组合在一起，并根据空间功能的性质恰当地运用冷、暖光。一个区域选用深褐色的中式茶座，雕刻着细腻的纹路和图案，显现出一股柔暖色色调，顶部运用软膜天花的装饰吊灯，让现代和传统进行对话。由滑动门分隔开来的另外一区域选用现代的纯色布艺沙发，给文化底蕴厚重的氛围中添加了几分时尚，可谓"东西合璧"。

6. 屋顶花园

设计上既要结合室内的风格多样，也要体现出室外自然风格的相互统一。仿古的户外木地板，散发着自然的气息，具有生长力的葡萄藤、笔直的钢竹、翠绿的草地等则寓意着自然中新生命的成长，体现一种生命力。所有自然中的一切，都在这一份宁静中悄然生起。摆上咖啡桌、遮阳伞，现代与自然相对对立，似乎在对话，形成一种有趣、生动的景象。宁静、自然的屋顶花园述说着情节、交流着情感，表达了人们内心深处渴望的一种情绪。不论是老板、员工，抑或是客户，都能在屋顶花园找寻那份久违的放松心情。

最终效果完全超出我们的预期，不仅把时尚带入了这个有限空间，而且仿佛引领现代时尚潮流，让人有强烈的归属感。同时也得到业主的认同和肯定。

4.4 案例的表达

4.4.1 案例效果图展示

设计效果图如图4-4-1~图4-4-9所示。

图4-4-1 外立面

图4-4-2 大堂

图4-4-3 一般接待室

图 4-4-4 走道

图 4-4-5 会议室

图 4-4-6 三楼总经理办公室

图 4-4-7 四楼贵宾接待室

图 4-4-8 茶吧

图 4-4-9 屋顶花园

4.4.2 案例施工图展示

总平面（图 4-4-10 ~ 图 4-4-13）：

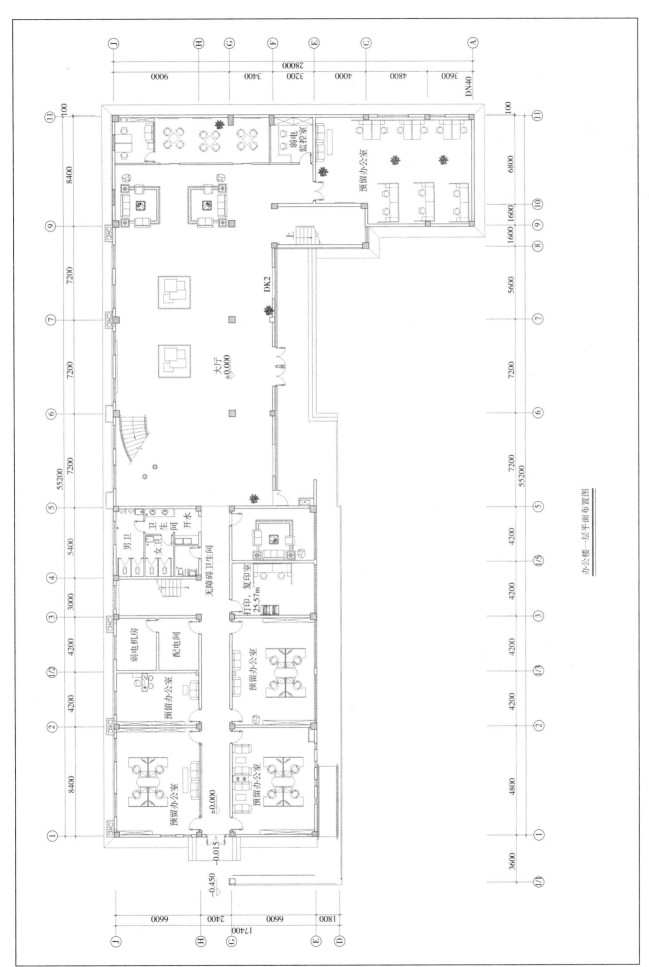

办公楼一层平面布置图

图4-4-10 办公楼一层平面布置图

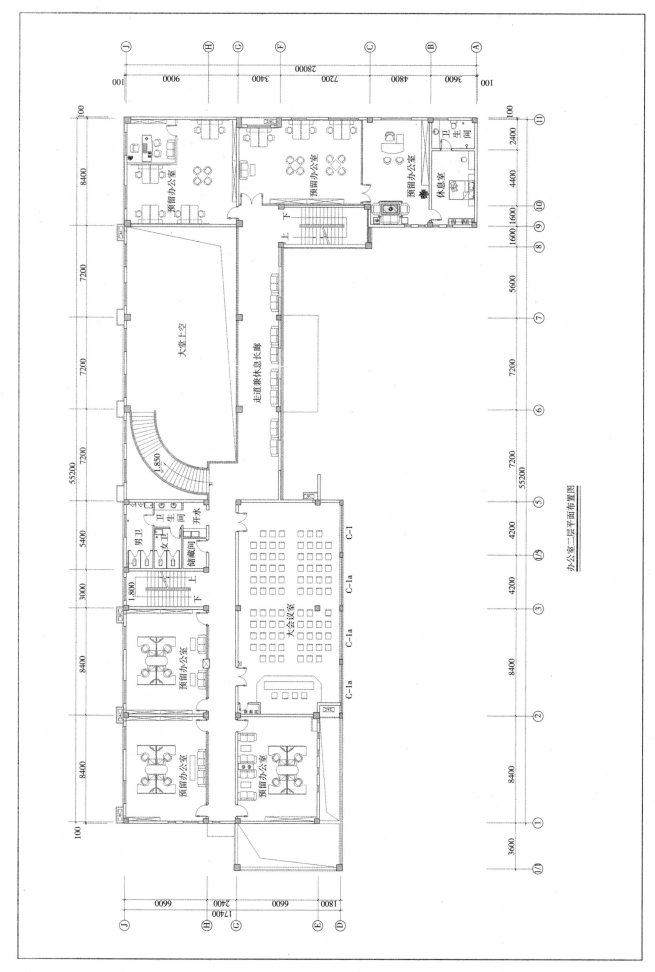

办公室二层平面布置图

办公楼二层平面布置图

图 4-4-11 办公楼二层平面布置图

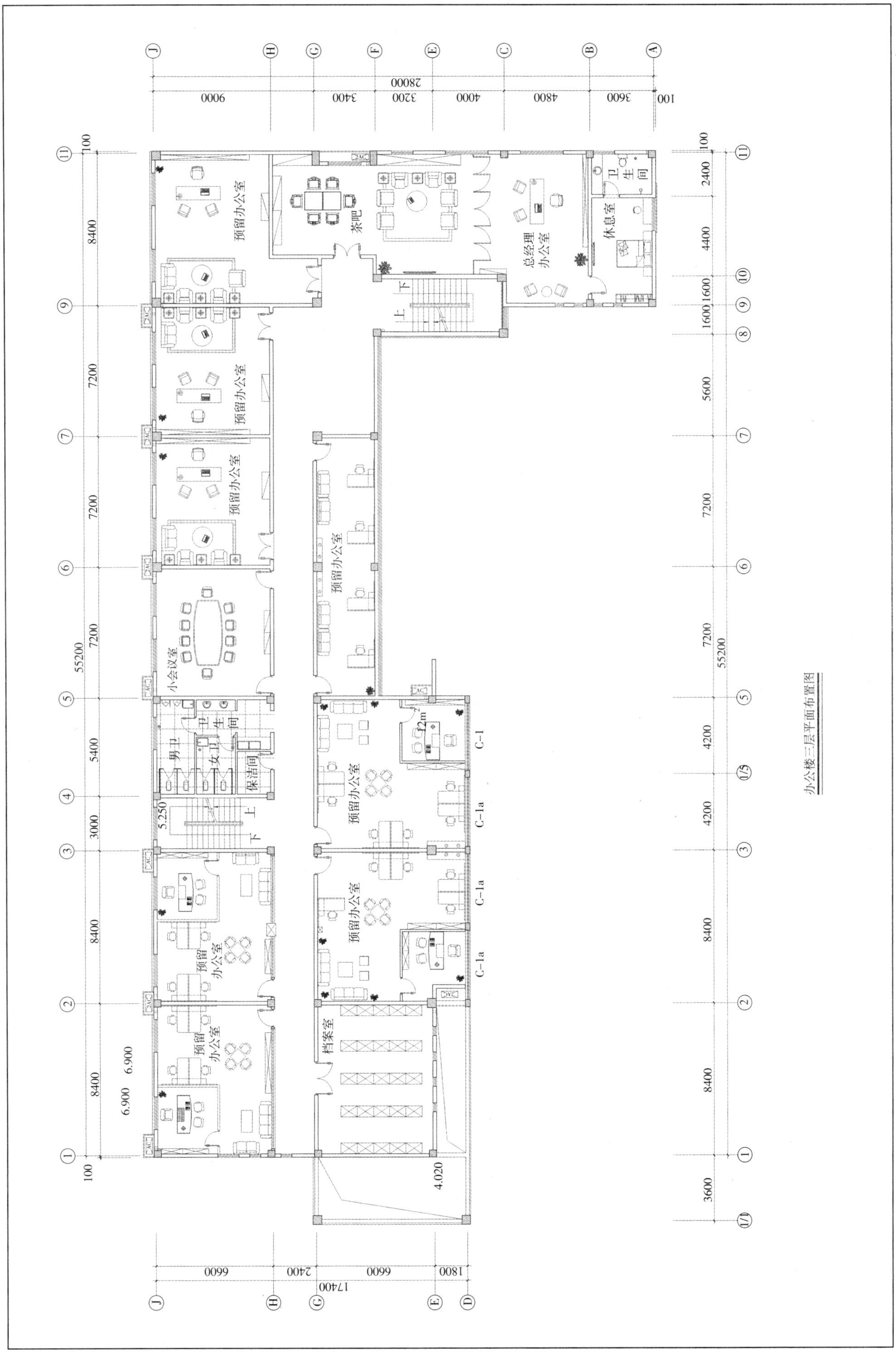

办公楼三层平面布置图

图 4-4-12 办公楼三层平面布置图

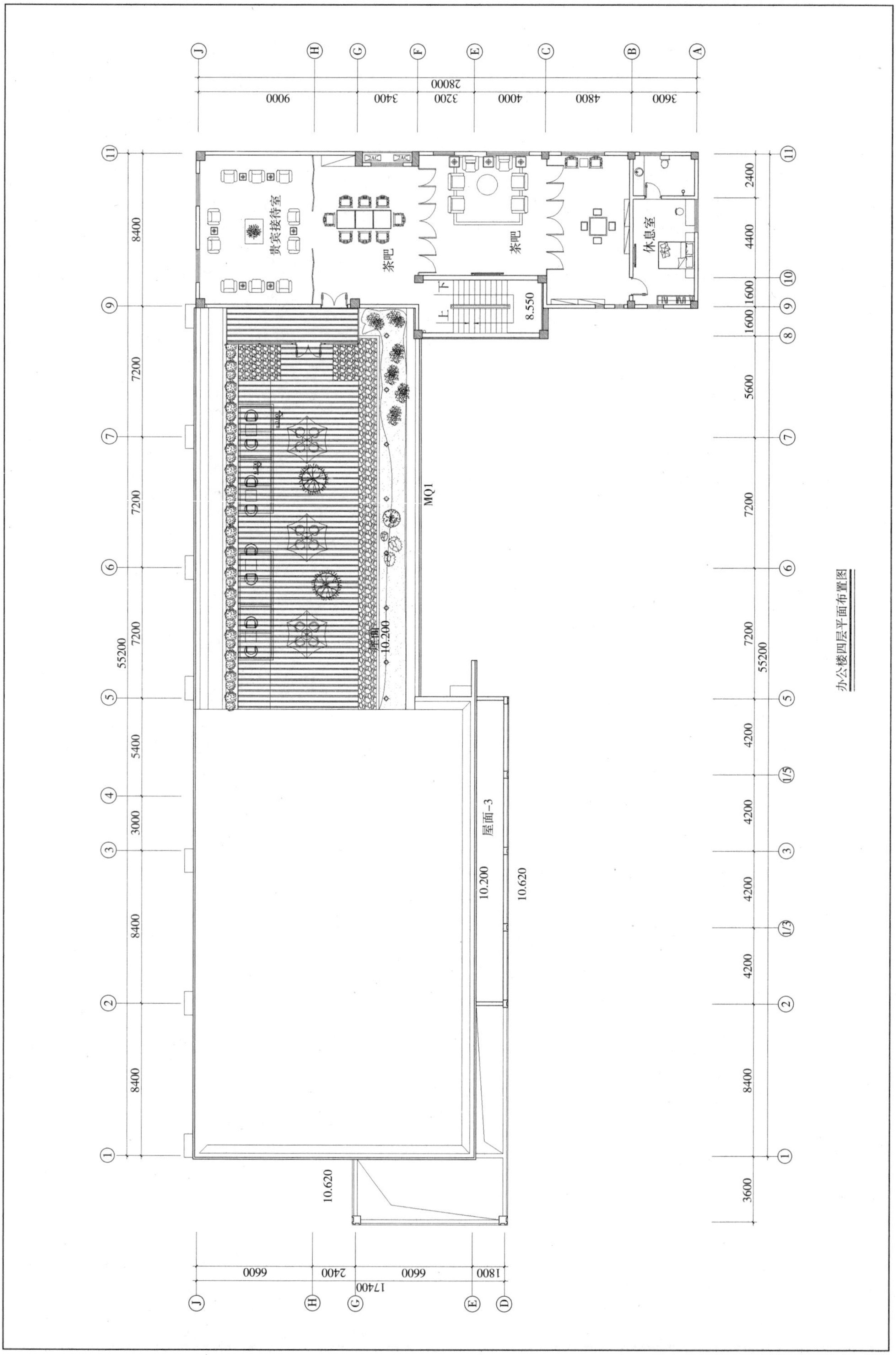

办公楼四层平面布置图

图 4-4-13　办公楼四层平面布置图

大堂（图4-4-14～图4-4-33）：

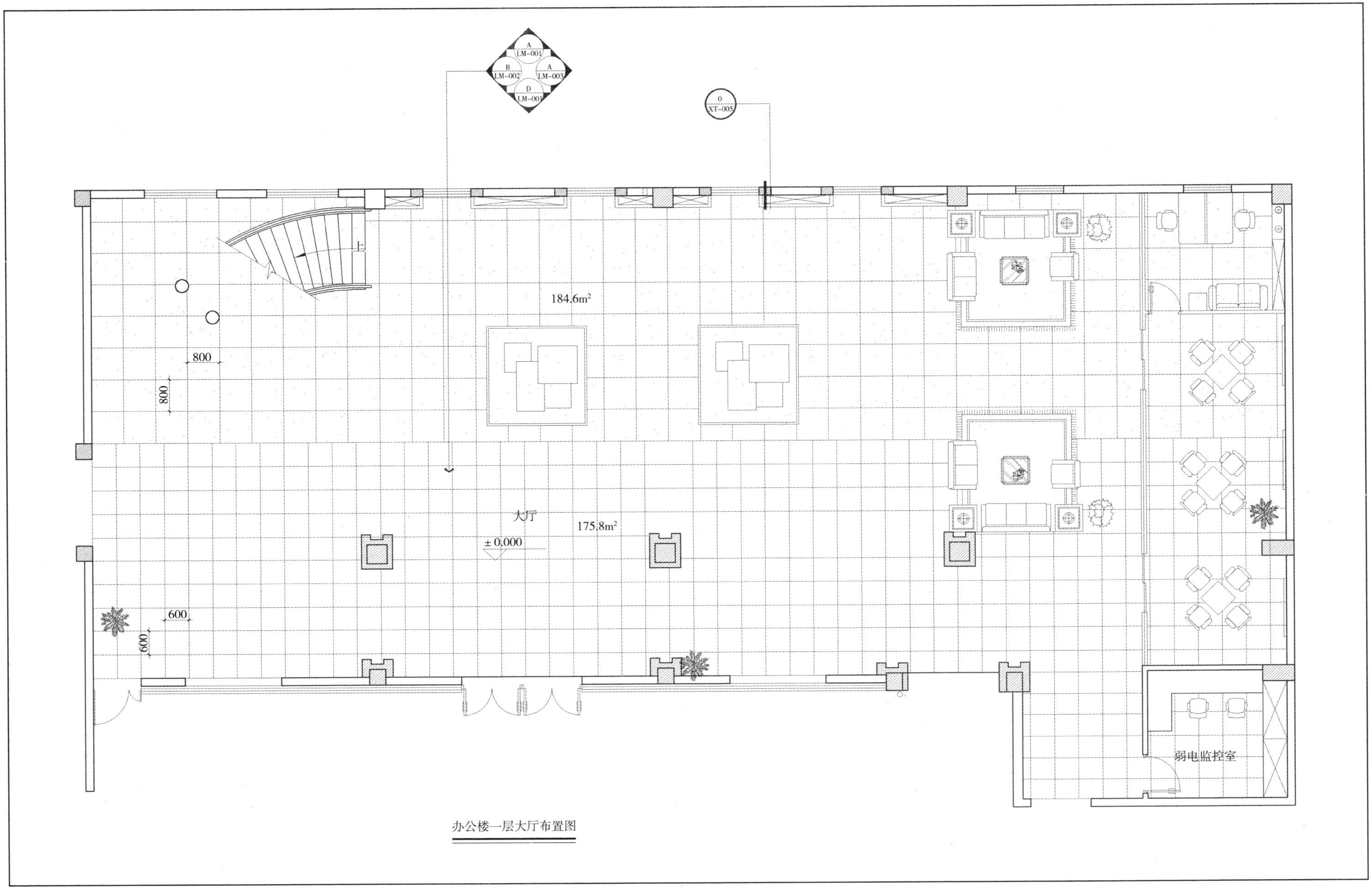

弱电监控室

大厅

±0.000

175.8m²

184.6m²

办公楼一层大厅布置图

图4-4-14 办公楼一层大厅布置图

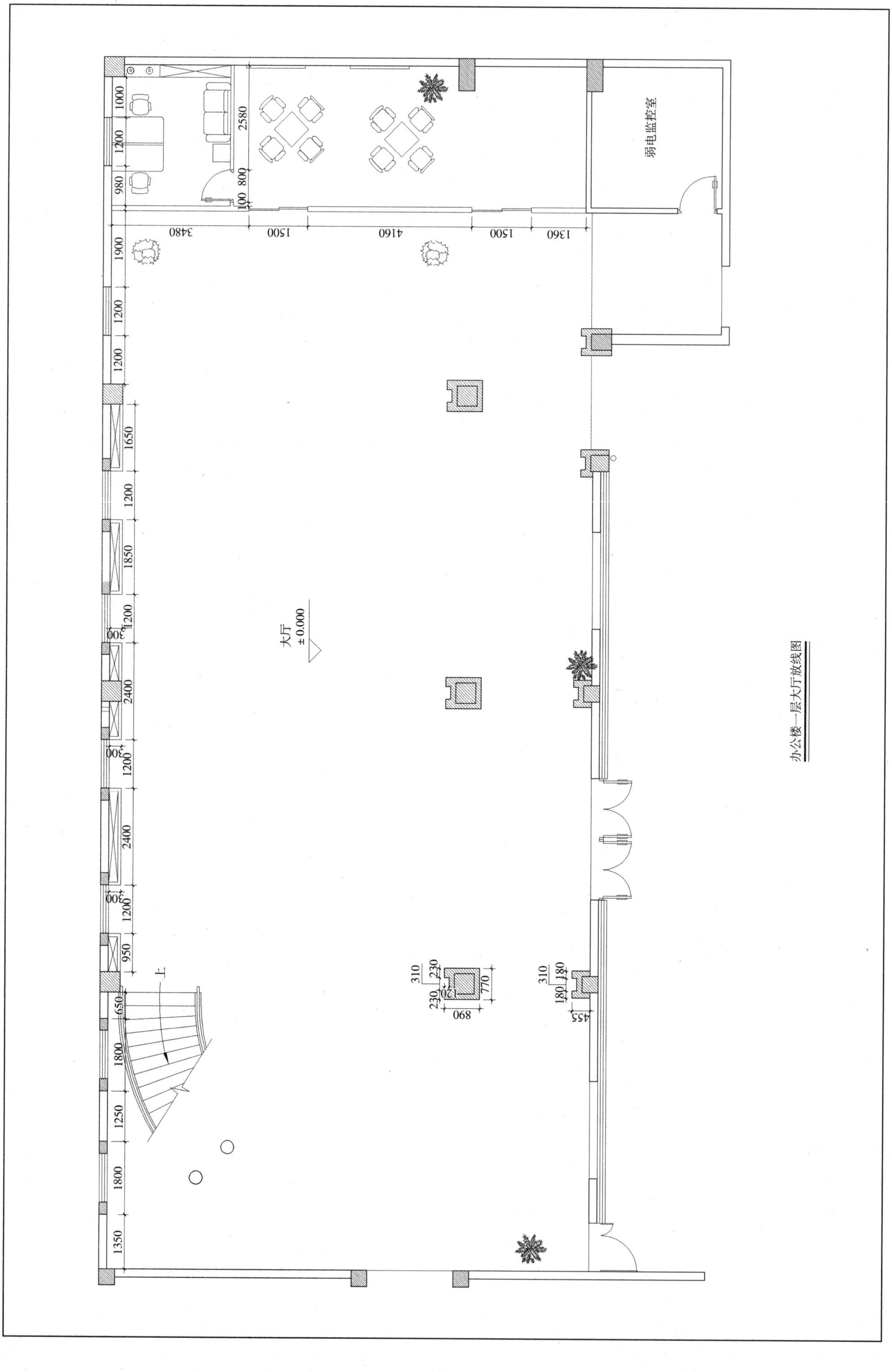

大厅
±0.000

弱电监控室

办公楼一层大厅放线图

图 4-4-15　办公楼一层大厅放线图

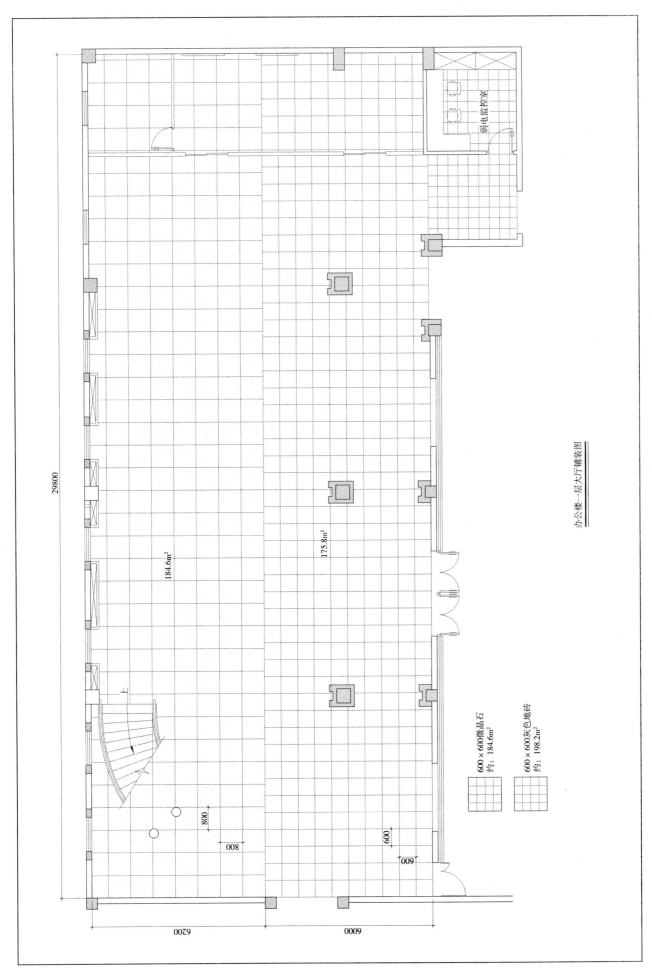

办公楼一层大厅铺装图

弱电监控室

184.6m²

175.8m²

29800

6200

6000

800

800

600

600

600×600微晶石
约：184.6m²

600×600灰色地砖
约：198.2m²

图4-4-16 办公楼一层大厅铺装图

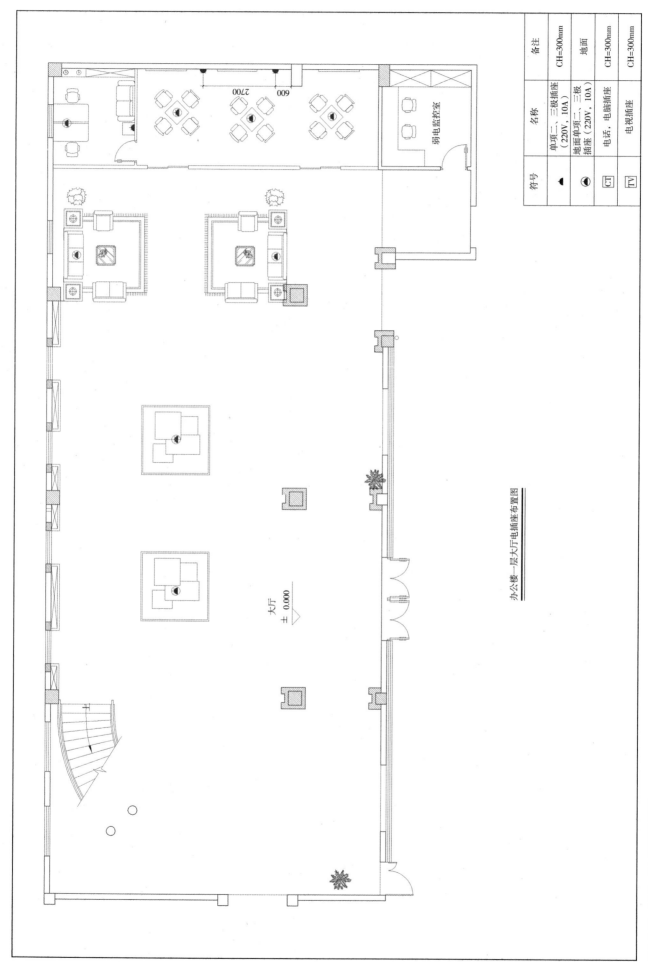

符号	名称	备注
◀	单项二、三极插座 （220V，10A）	CH=300mm
◐	地面单项二、三极 插座（220V，10A）	地面
CT	电话、电脑插座	CH=300mm
TV	电视插座	CH=300mm

弱电监控室

大厅
±0.000

办公楼一层大厅电插座布置图

图 4—4—17 办公楼一层大厅电插座布置图

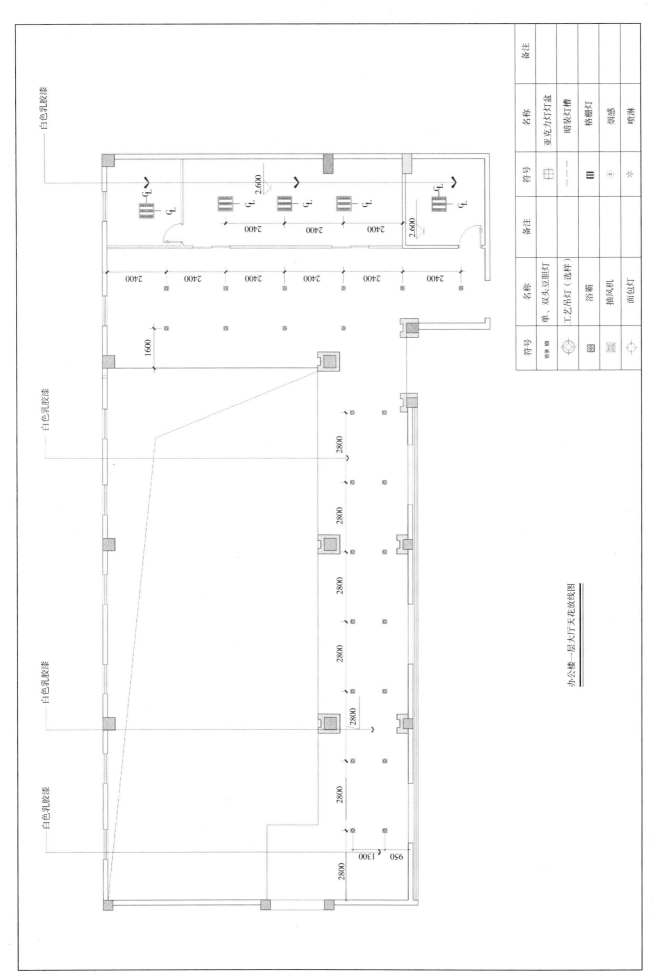

符号	名称	备注	符号	名称	备注
⊞	单、双头豆胆灯		⊞	亚克力灯盆	
◈	工艺吊灯（选样）		−−−	暗装灯槽	
▣	浴霸		Ⅲ	格栅灯	
▣	抽风机		ⓢ	烟感	
◈	面包灯		✳	喷淋	

办公楼一层大厅天花放线图

图 4-4-18 办公楼一层大厅天花放线图

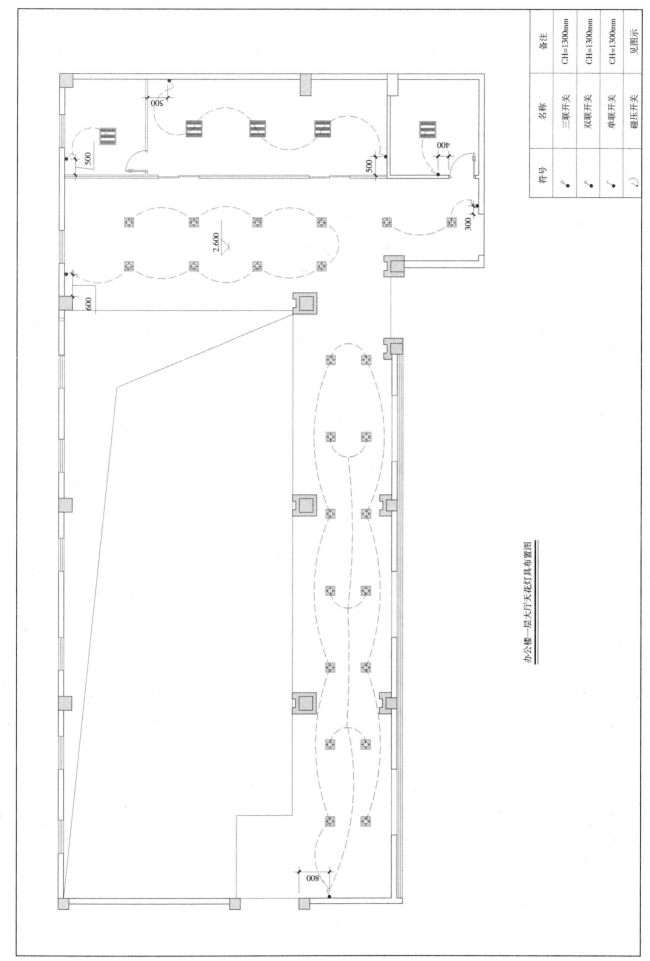

符号	名称	备注
⊢	三联开关	CH=1300mm
⊢	双联开关	CH=1300mm
⸜	单联开关	CH=1300mm
ᴗ	碰压开关	见图示

办公楼一层大厅天花灯具布置图

图 4-4-19 办公楼一层大厅天花灯具布置图

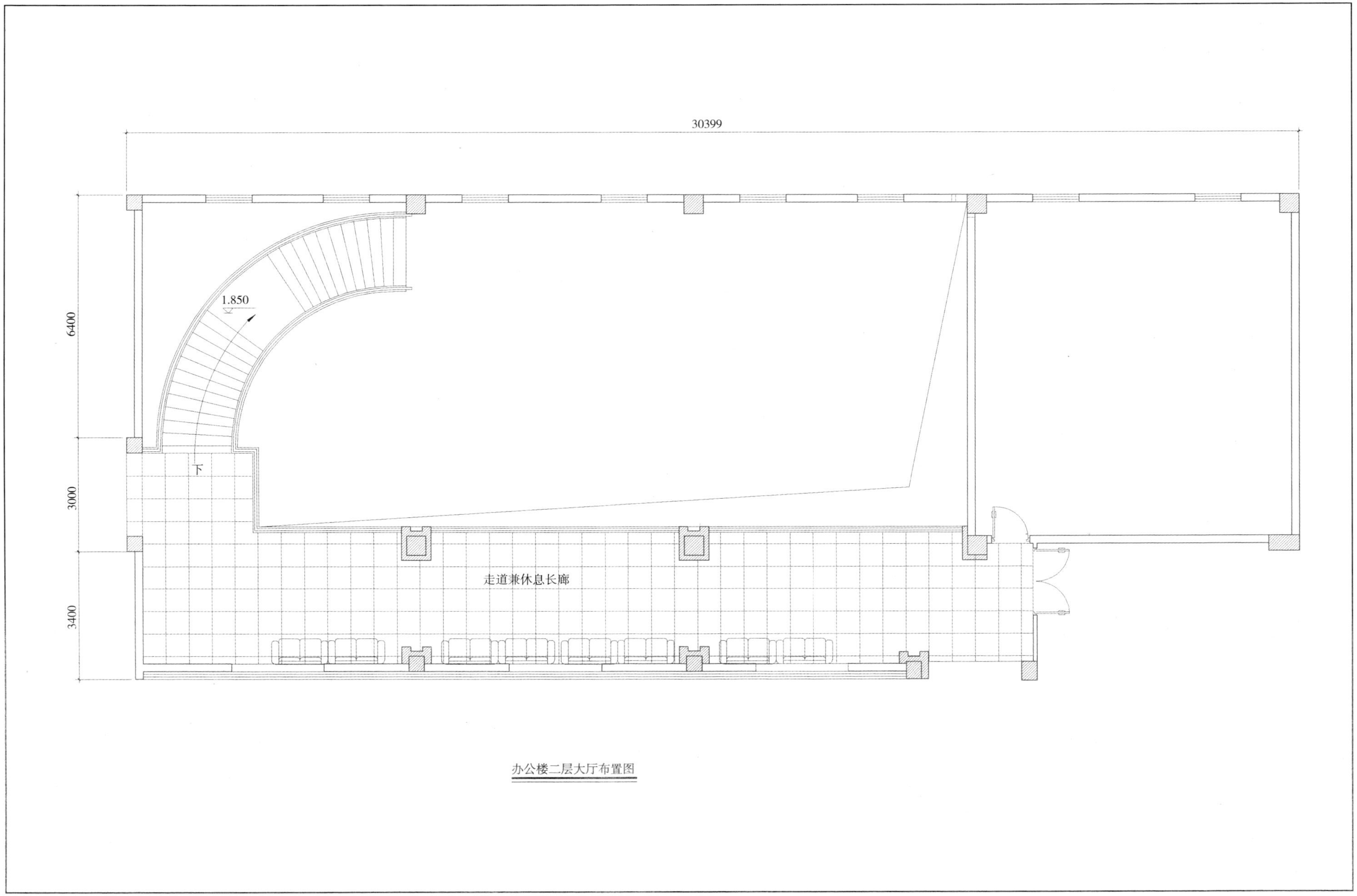

办公楼二层大厅布置图

走道兼休息长廊

1.850

下

30399

6400

3000

3400

图 4-4-20　办公楼二层大厅布置图

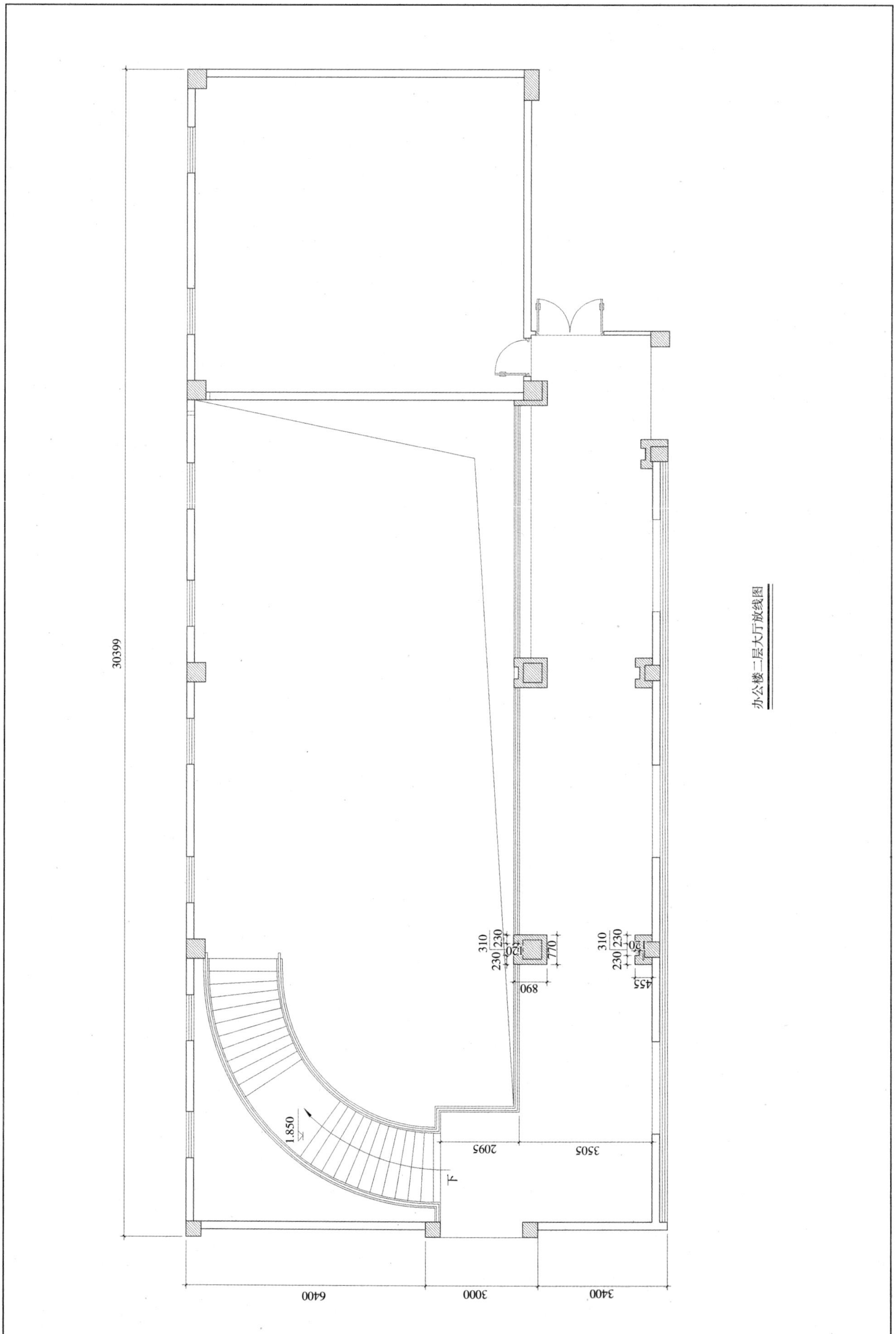

办公楼二层大厅放线图

图4-4-21　办公楼二层大厅放线图

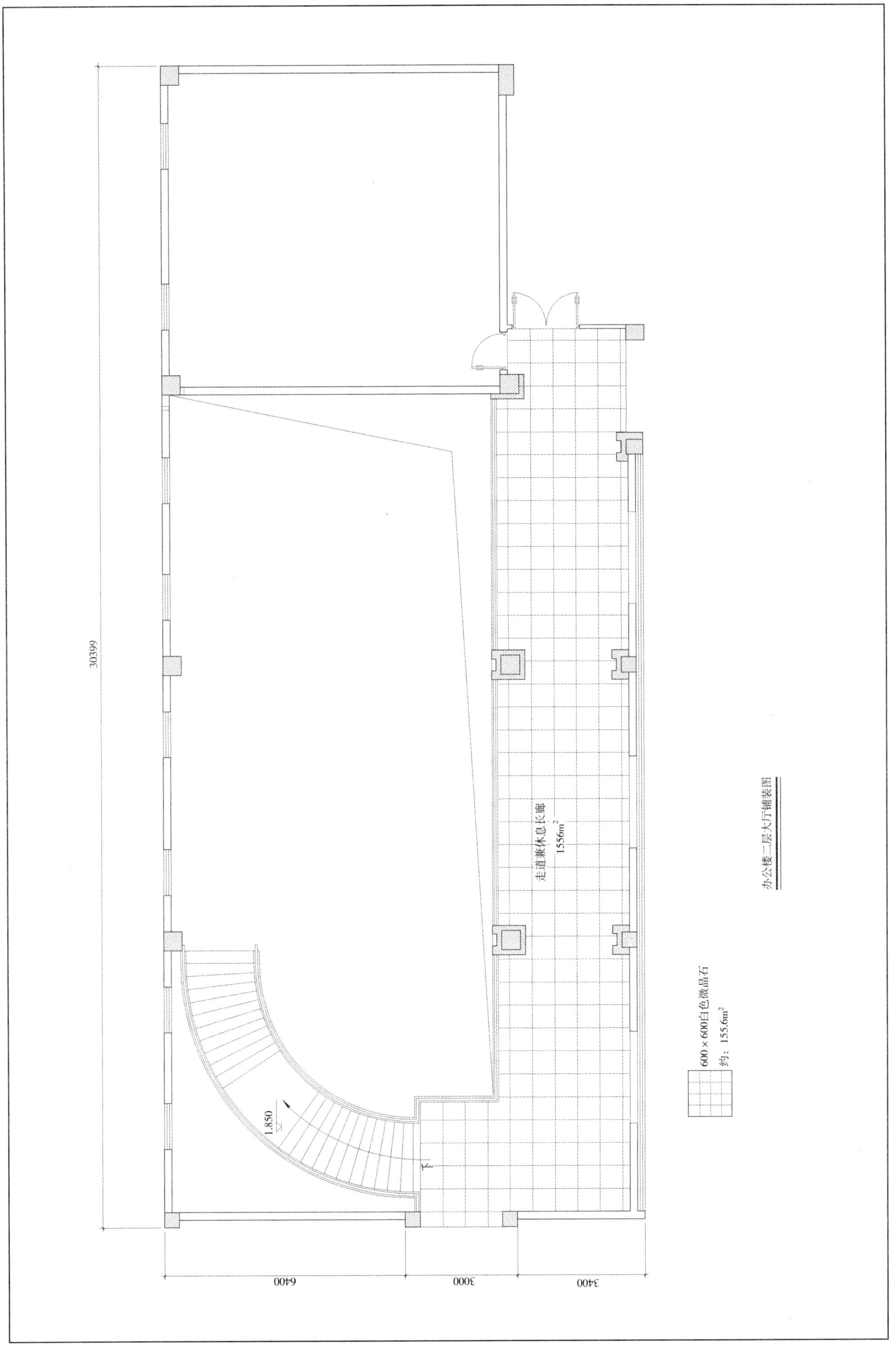

办公楼二层大厅铺装图

走道兼休息息长廊
1556m²

600×600白色微晶石

约：155.6m²

30399

6400

3000

3400

1.850

图 4-4-22　办公楼二层大厅铺装图

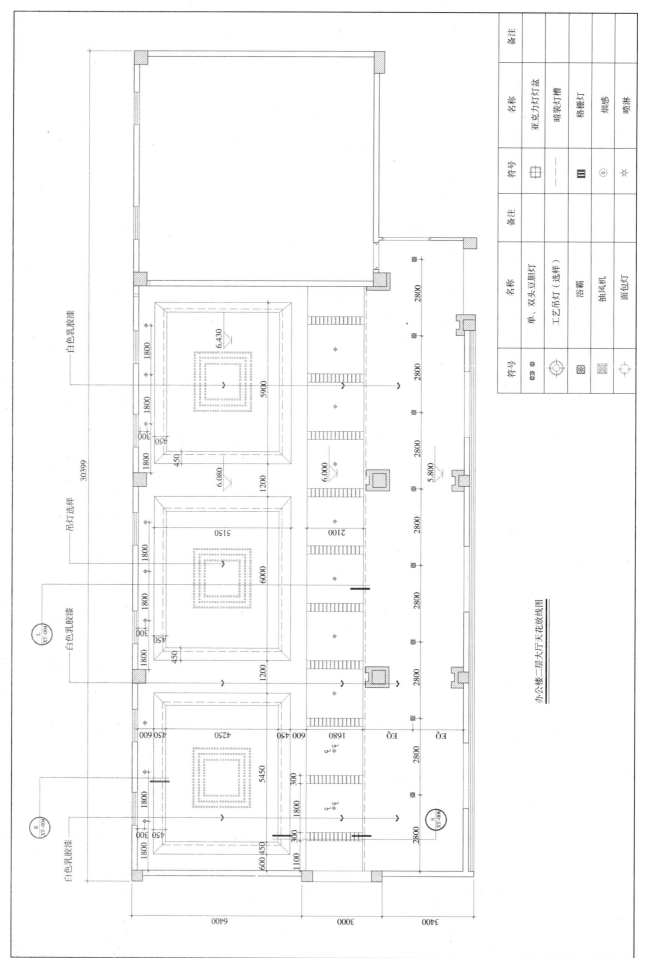

图 4-4-23 办公楼二层大厅天花放线图

办公楼二层大厅天花放线图

符号	名称	备注	符号	名称	备注	符号	名称	备注
⊠	单、双头豆胆灯			亚克力灯盆				
◉	工艺吊灯（选样）		▬	暗装灯槽				
▦	浴霸		▥	格栅灯				
⊞	抽风机		ⓢ	烟感				
◇	面包灯		✳	喷淋				

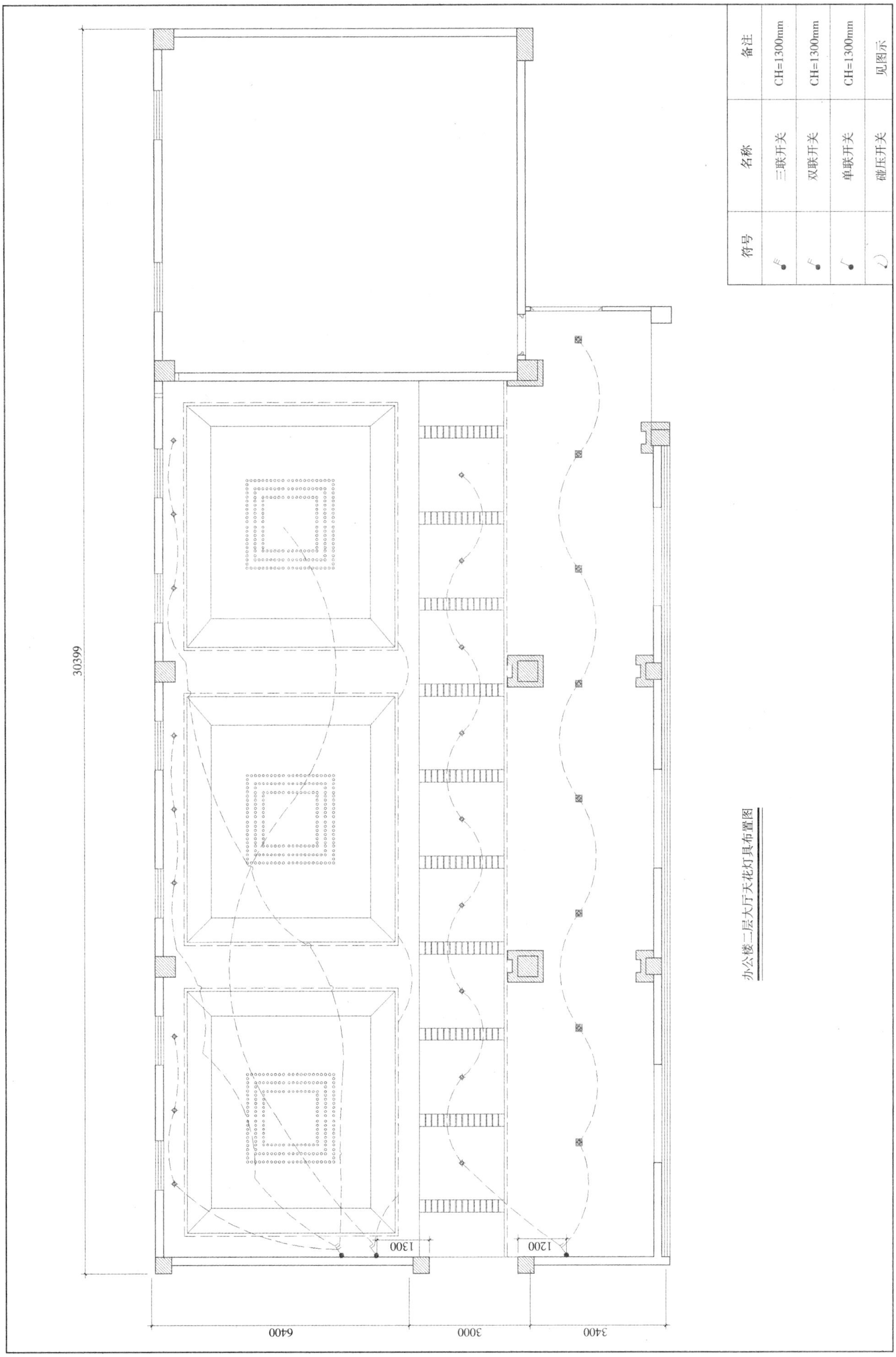

符号	名称	备注
	三联开关	CH=1300mm
	双联开关	CH=1300mm
	单联开关	CH=1300mm
	碰压开关	见图所示

办公楼二层大厅天花灯具布置图

图4-4-24 办公楼二层大厅天花灯具布置图

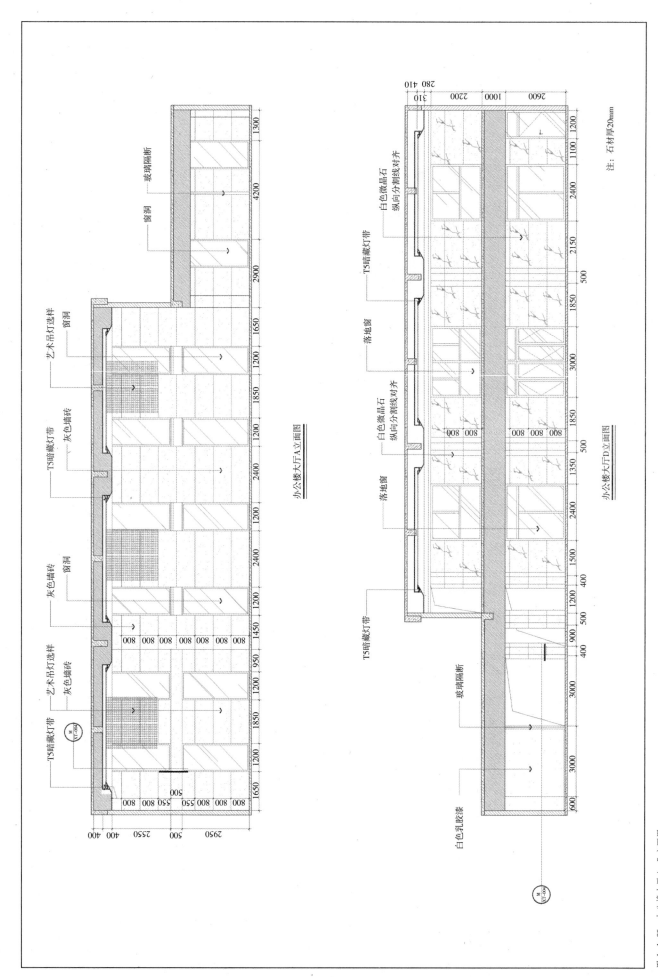

玻璃隔断

窗洞

艺术吊灯选样

窗洞

灰色墙砖

T5暗藏灯带

灰色墙砖

窗洞

艺术吊灯选样

灰色墙砖

T5暗藏灯带

办公楼大厅A立面图

白色微晶石
纵向分割线对齐

T5暗藏灯带

落地窗

白色微晶石
纵向分割线对齐

落地窗

T5暗藏灯带

玻璃隔断

白色乳胶漆

办公楼大厅D立面图

注：石材厚20mm

图4-4-25　办公楼大厅A、D立面图

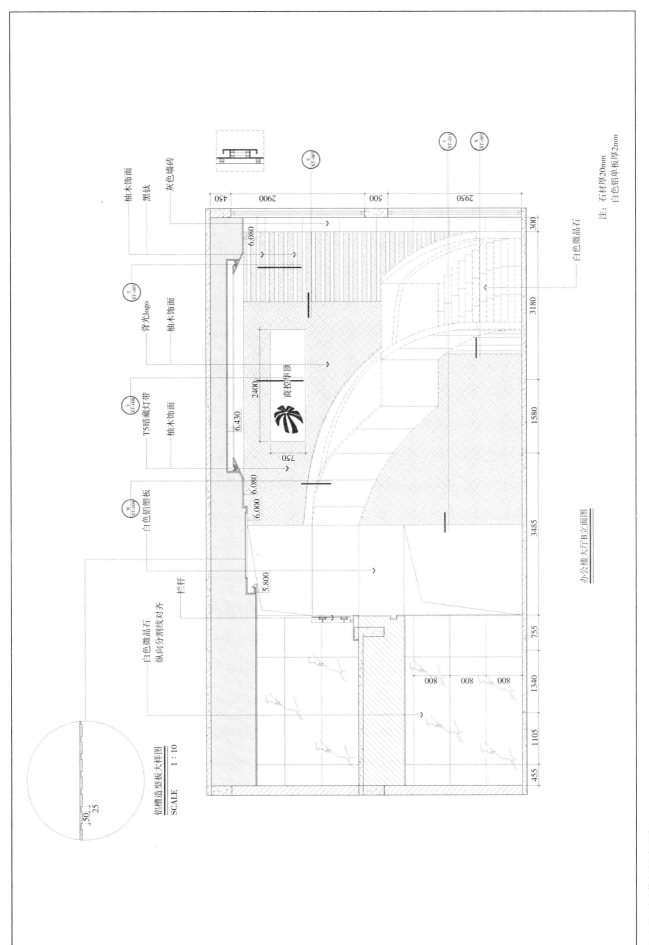

办公楼大厅B立面图

注：石材厚20mm
白色铝单板厚2mm

铝槽造型板大样图
SCALE 1：10

图 4-4-26 办公楼大厅 B 立面图

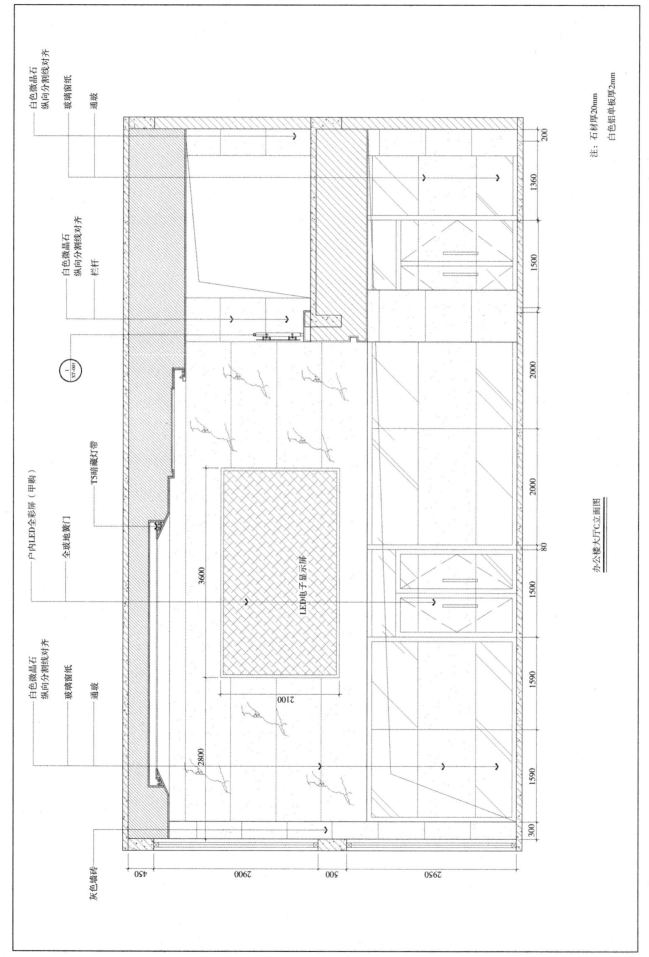

办公楼大厅C立面图

办公楼大厅C立面图

注：石材厚20mm
白色铝单板厚2mm

图 4-4-27 办公楼大厅 C 立面图

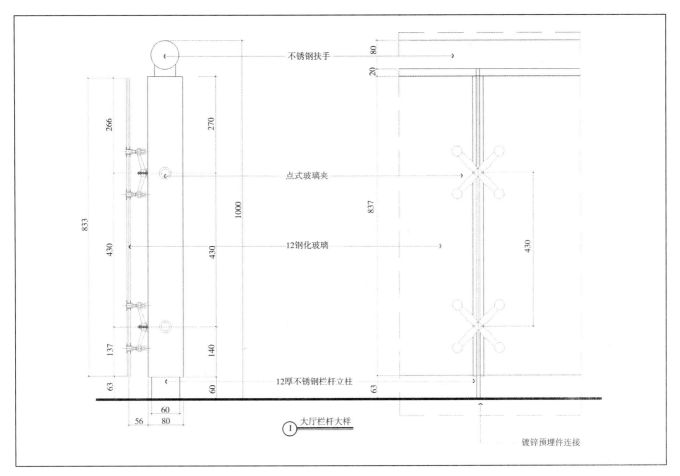

不锈钢扶手

点式玻璃夹

12钢化玻璃

12厚不锈钢栏杆立柱

大厅栏杆大样

镀锌预埋件连接

图4-4-28　大厅栏杆大样

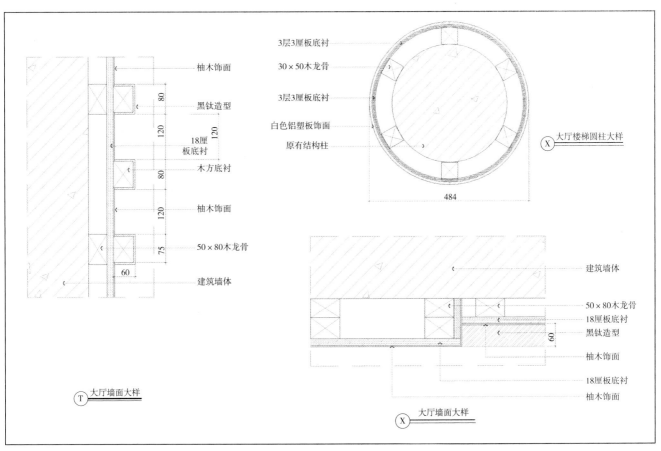

3层3厘板底衬

30×50木龙骨

3层3厘板底衬

白色铝塑板饰面

原有结构柱

大厅楼梯圆柱大样

柚木饰面

黑钛造型

18厘板底衬

木方底衬

柚木饰面

50×80木龙骨

建筑墙体

大厅墙面大样

建筑墙体

50×80木龙骨

18厘板底衬

黑钛造型

柚木饰面

18厘板底衬

柚木饰面

大厅墙面大样

图4-4-29　大厅墙面大样

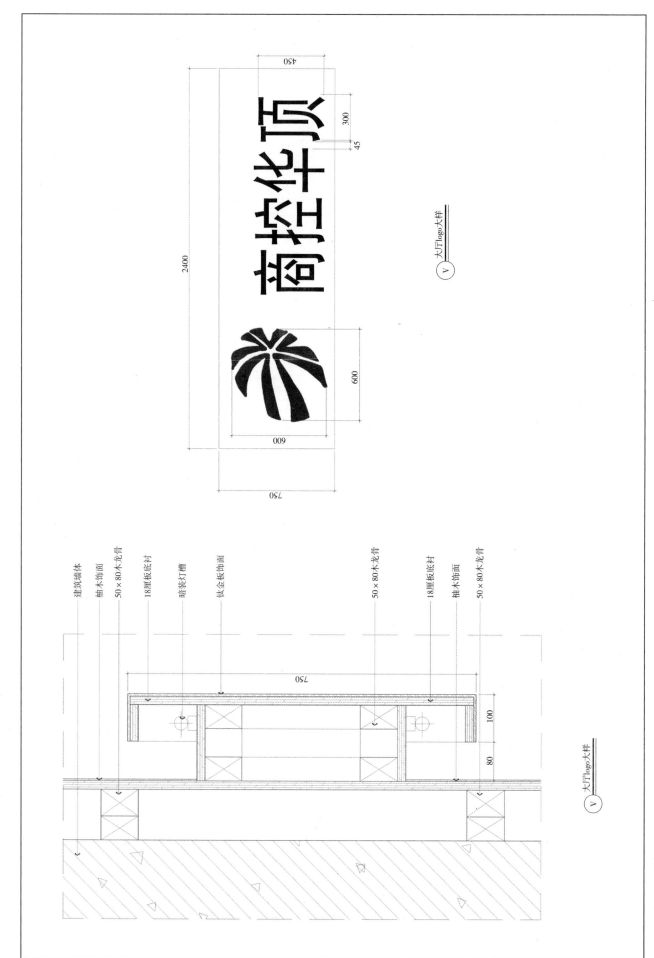

图 4-4-30 大厅 logo 大样

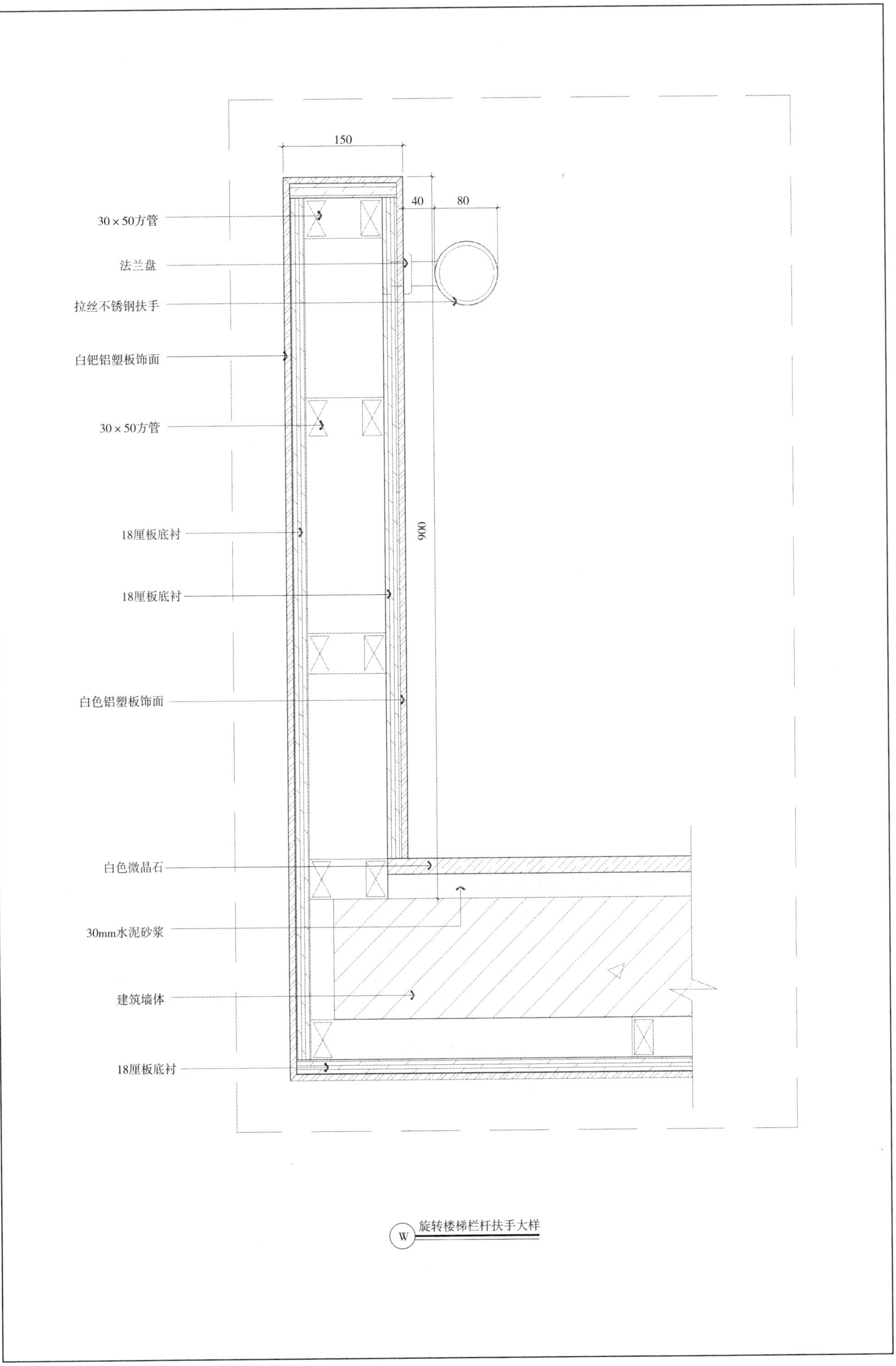

30×50方管

法兰盘

拉丝不锈钢扶手

白钯铝塑板饰面

30×50方管

18厘板底衬

18厘板底衬

白色铝塑板饰面

白色微晶石

30mm水泥砂浆

建筑墙体

18厘板底衬

150

40   80

900

旋转楼梯栏杆扶手大样
W

图 4-4-31 旋转楼梯栏杆扶手大样

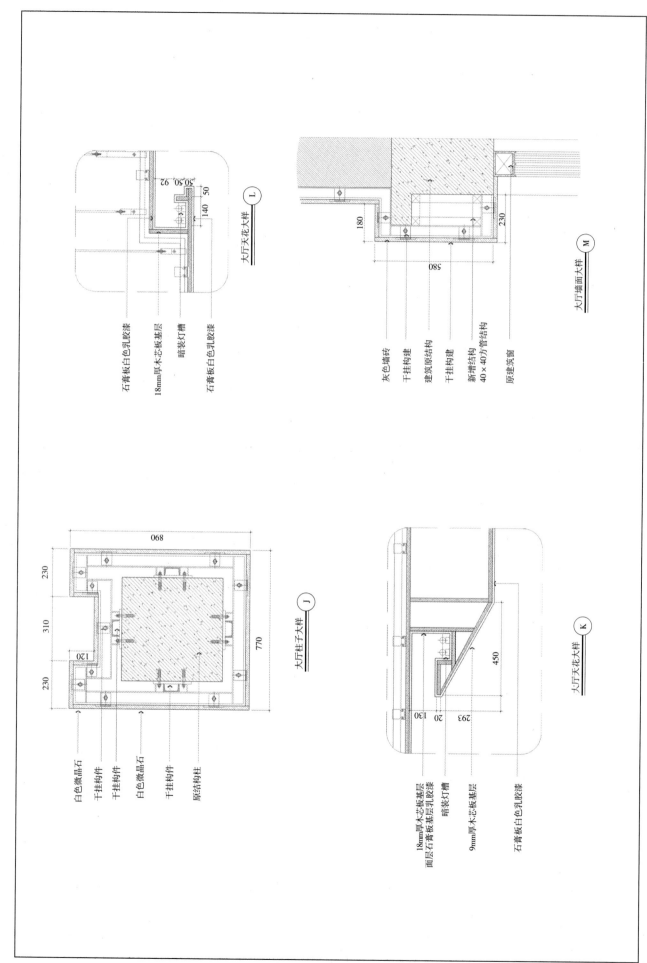

石膏板白色乳胶漆
18mm厚木芯板基层
暗装灯槽
石膏板白色乳胶漆

大厅天花大样 L

灰色墙砖
干挂构建
建筑原结构
干挂构建
新增结构
40×40方管结构
原建筑窗

大厅墙面大样 M

白色微晶石
干挂构件
干挂构件
白色微晶石
干挂构件
原结构柱

大厅柱子大样 J

18mm厚木芯板基层
面层石膏板基层乳胶漆
暗装灯槽
9mm厚木芯板基层
石膏板白色乳胶漆

大厅天花大样 K

图 4-4-32 大厅柱子、天花、墙面大样

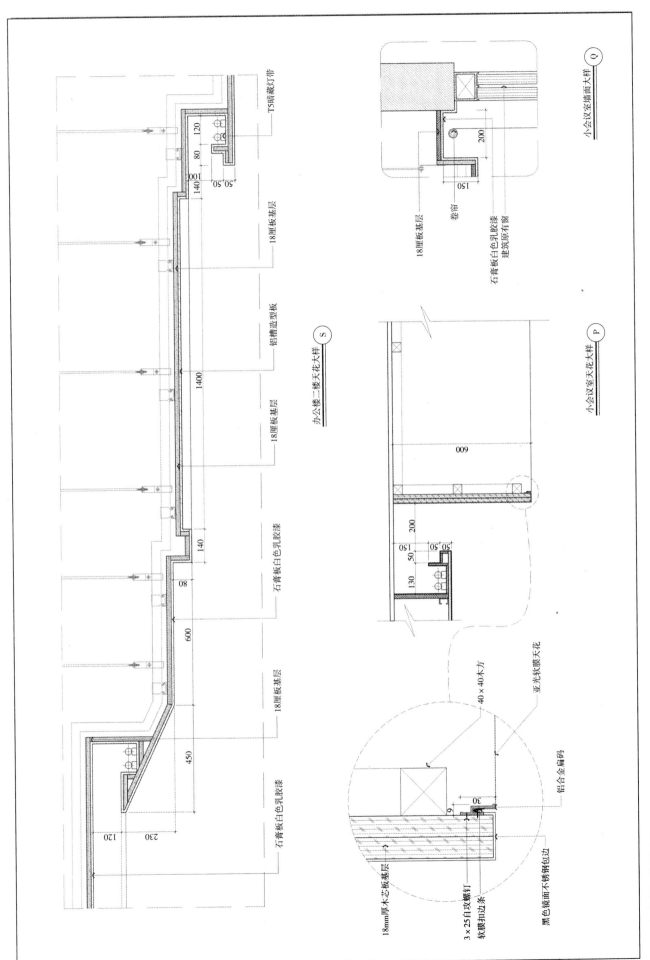

图 4-4-33　办公楼二楼天花大样

走道（图 4-4-34 ~ 图 4-4-40 ）：

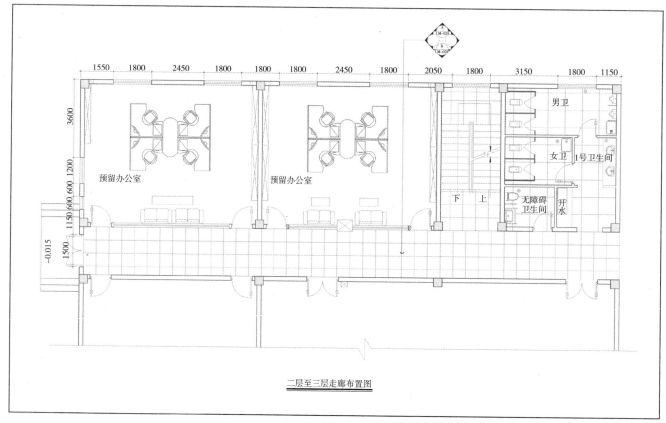

图 4-4-34　二层至三层走廊布置图

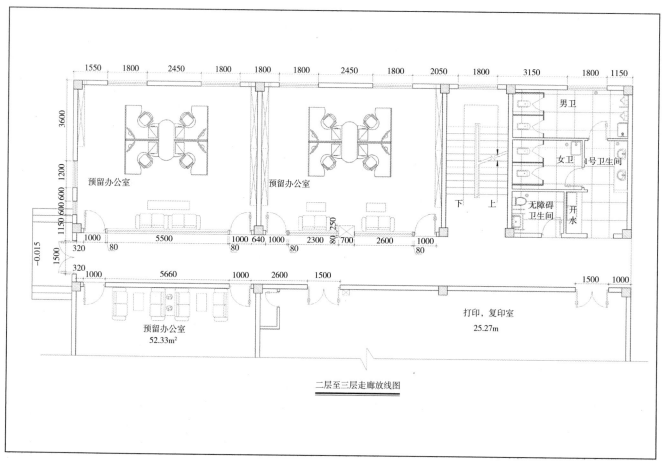

图 4-4-35 二层至三层走廊放线图

图 4-4-36　二层至三层走廊铺装图

符号	名称	备注
	三联开关	CH=1300mm
	双联开关	CH=1300mm
	单联开关	CH=1300mm
	碰压开关	见图示

图 4-4-37　二层至三层走廊灯具布置图

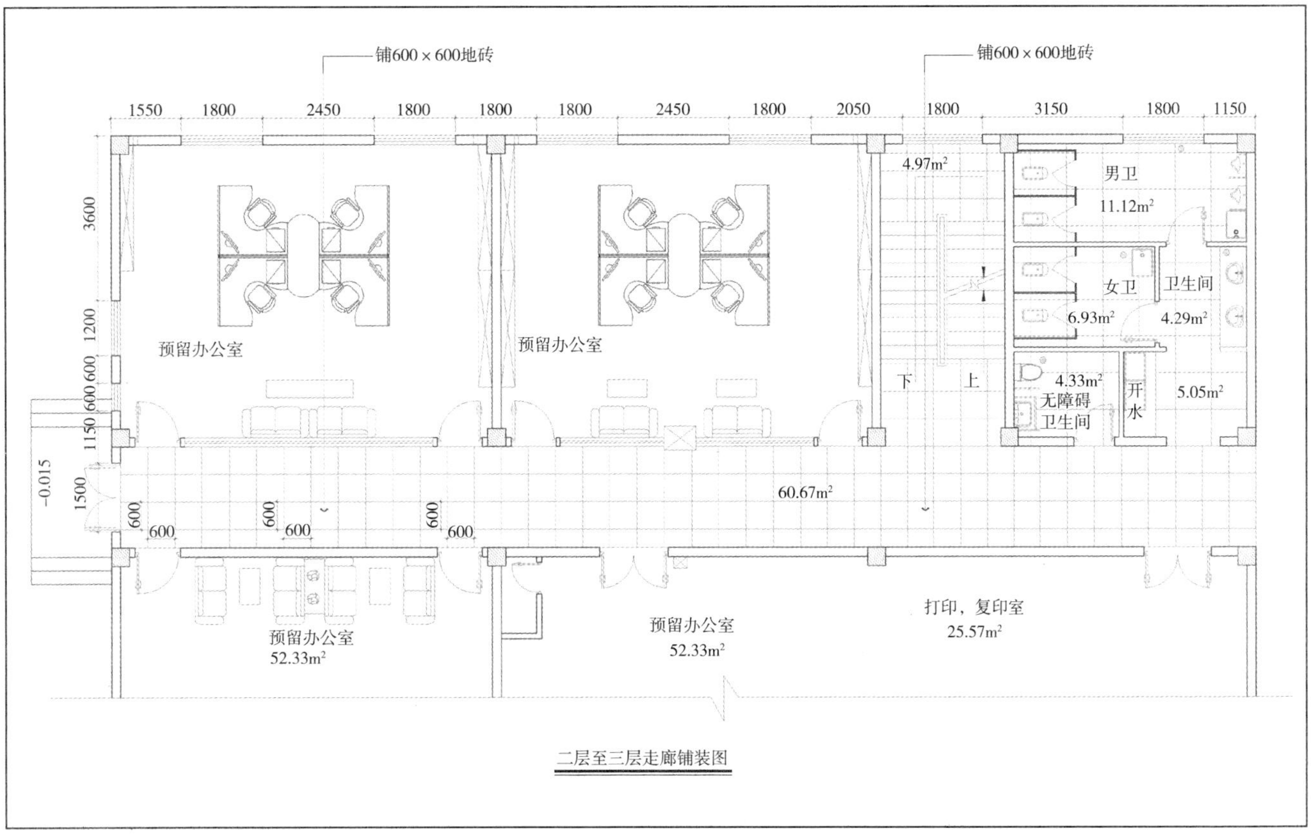

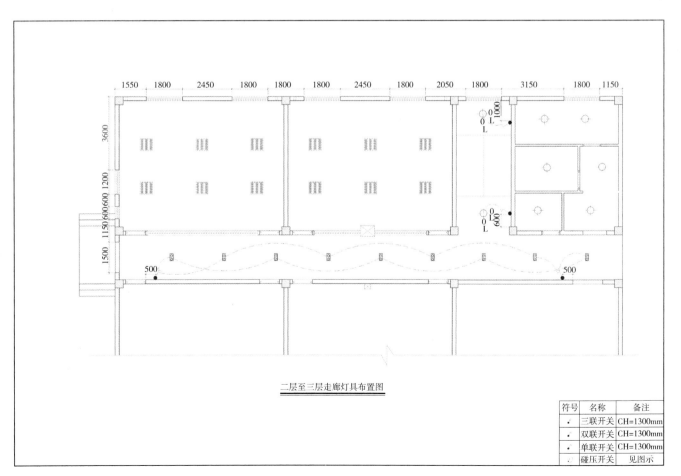

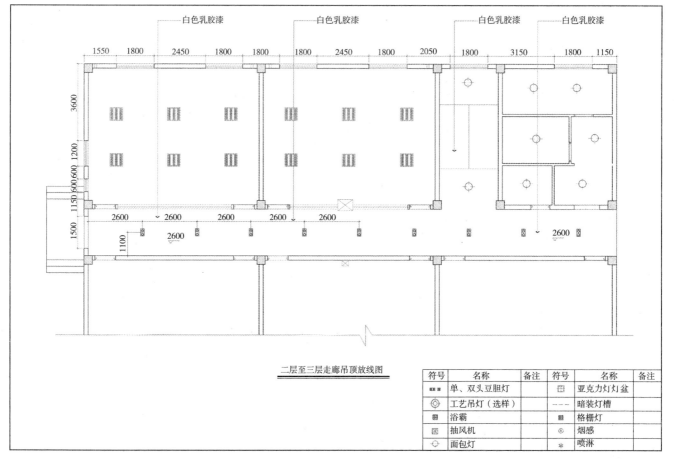

二层至三层走廊吊顶放线图

符号	名称	备注	符号	名称	备注
	单、双头豆胆灯			亚克力灯灯盆	
	工艺吊灯（选样）		---	暗装灯槽	
	浴霸			格栅灯	
	抽风机			烟感	
	面包灯		*	喷淋	

图 4-4-38　二层至三层走廊吊顶放线图

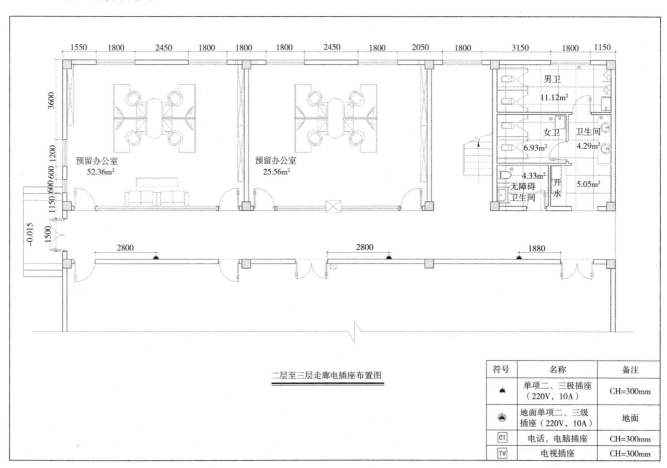

二层至三层走廊电插座布置图

符号	名称	备注
	单项二、三极插座（220V，10A）	CH=300mm
	地面单项二、三级插座（220V，10A）	地面
CT	电话，电脑插座	CH=300mm
TV	电视插座	CH=300mm

图 4-4-39　二层至三层走廊电插座布置图

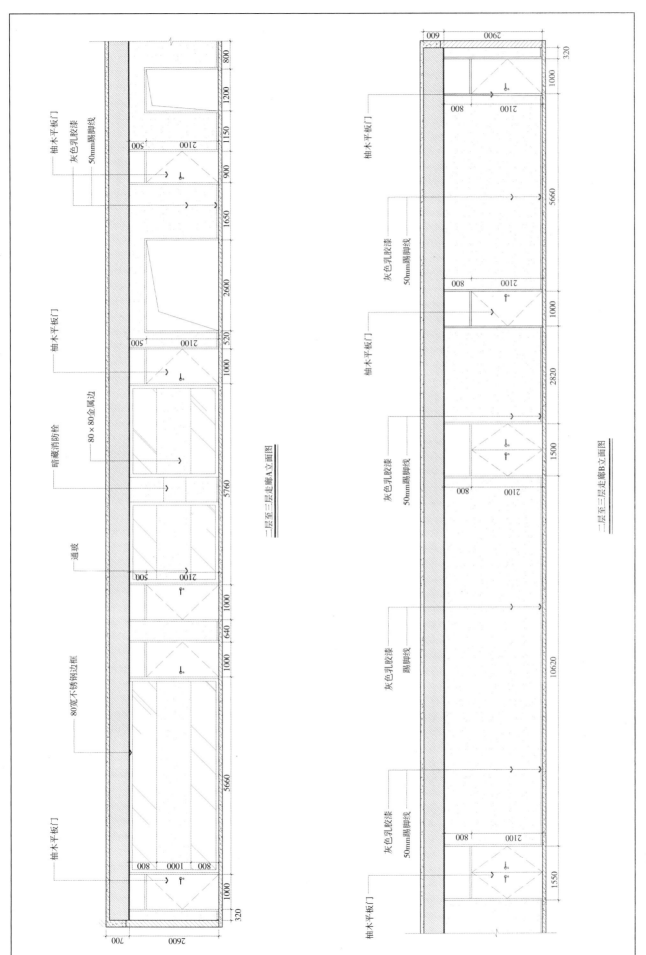

二层至三层走廊A立面图

二层至三层走廊B立面图

图 4-4-40 二层至三层走廊 A/B 立面图

会议室（图 4-4-41 ~ 图 4-4-50）：

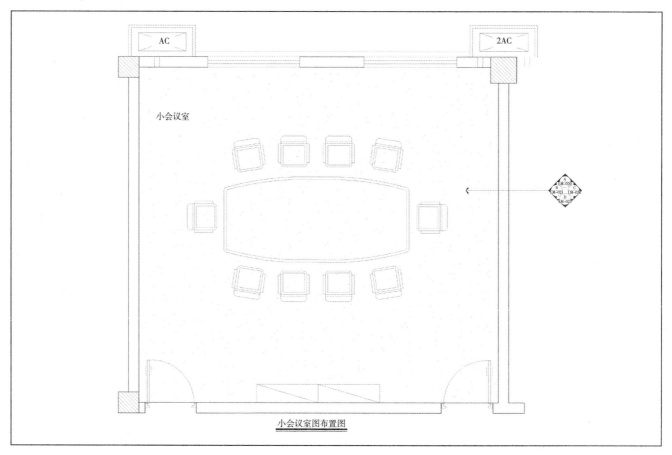

图 4-4-41　小会议室布置图

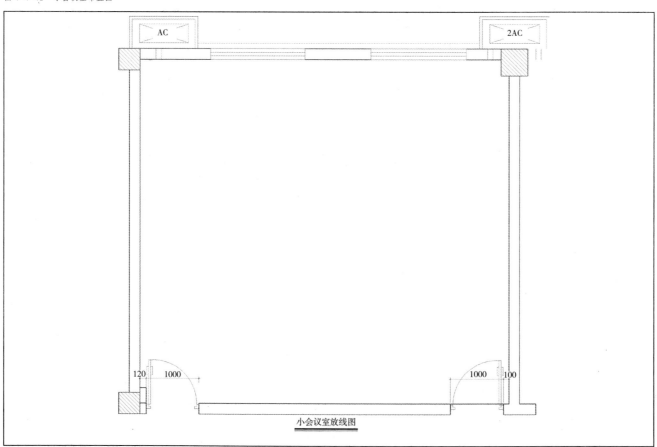

图 4-4-42　小会议室放线图

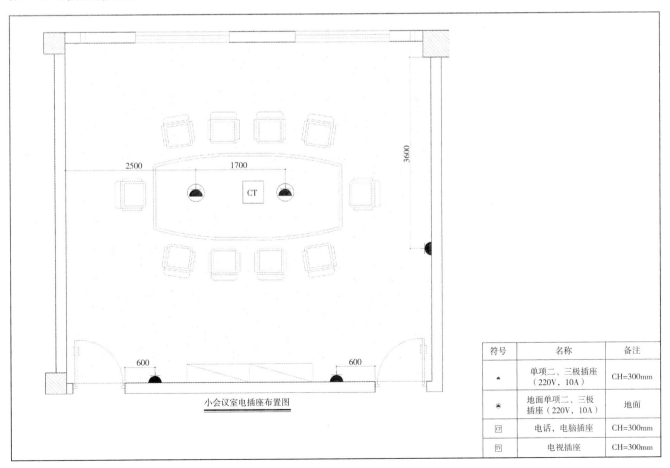

复合木地板

AC

2AC

小会议室
44.75m²

小会议室铺装平面图

图4-4-43 小会议室铺装平面图

2500   1700   3600

CT

600   600

小会议室电插座布置图

符号	名称	备注
▲	单项二、三极插座（220V，10A）	CH=300mm
⊛	地面单项二、三极插座（220V，10A）	地面
CT	电话、电脑插座	CH=300mm
TV	电视插座	CH=300mm

图4-4-44 小会议室电插座布置图

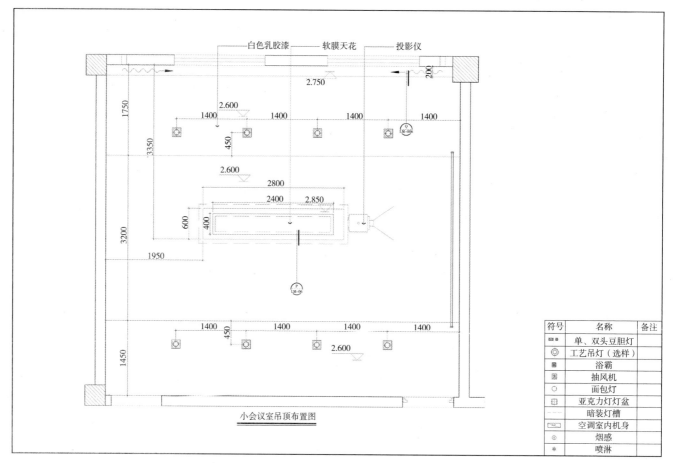

图 4-4-45 小会议室吊顶布置图

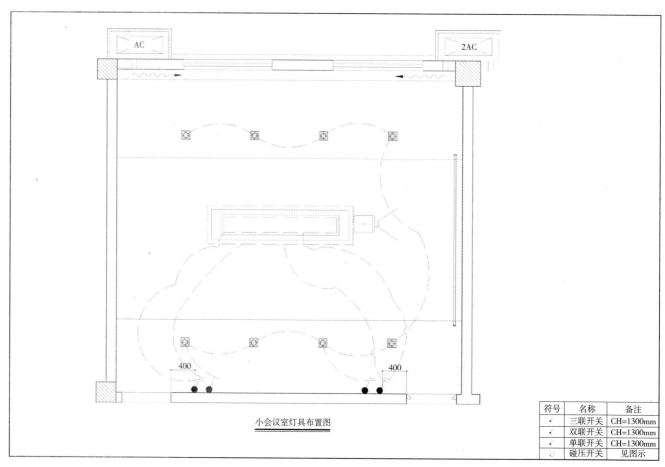

图 4-4-46 小会议室灯具布置图

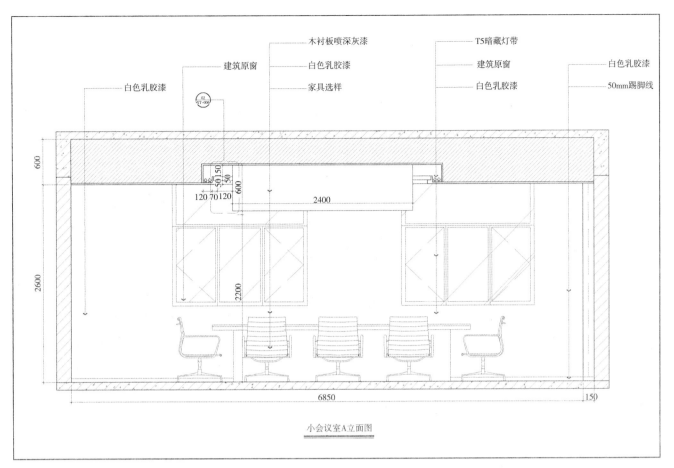

白色乳胶漆　建筑原窗　木衬板喷深灰漆　白色乳胶漆　家具选样　T5暗藏灯带　建筑原窗　白色乳胶漆　白色乳胶漆　50mm踢脚线

小会议室A立面图

图 4-4-47　小会议室 A 立面图

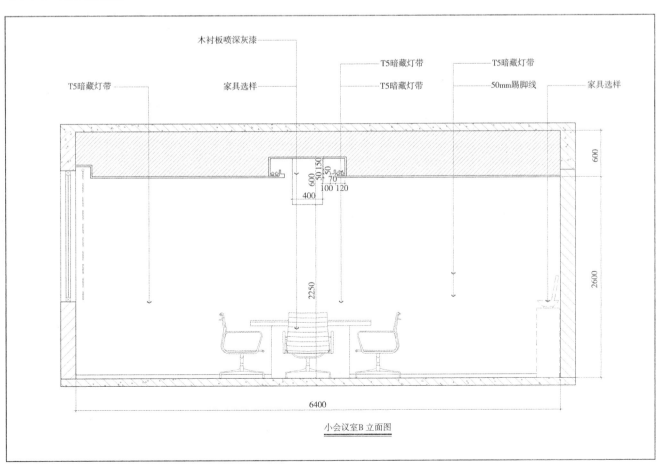

T5暗藏灯带　木衬板喷深灰漆　家具选样　T5暗藏灯带　T5暗藏灯带　T5暗藏灯带　50mm踢脚线　家具选样

小会议室B立面图

图 4-4-48　小会议室 B 立面图

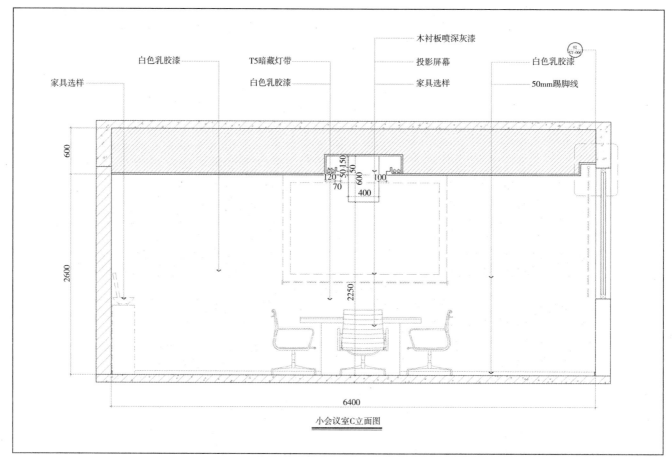

白色乳胶漆   T5暗藏灯带   木衬板喷深灰漆   白色乳胶漆

家具选样   白色乳胶漆   投影屏幕   50mm踢脚线

家具选样

小会议室C立面图

图 4-4-49 小会议室 C 立面图

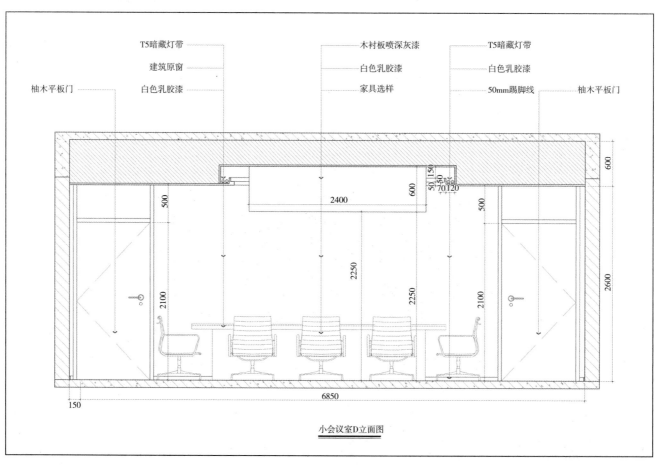

T5暗藏灯带   木衬板喷深灰漆   T5暗藏灯带

建筑原窗   白色乳胶漆   白色乳胶漆

柚木平板门   白色乳胶漆   家具选样   50mm踢脚线   柚木平板门

小会议室D立面图

图 4-4-50 小会议室 D 立面图

总经理办公室（图 4-4-51 ~ 图 4-4-60）：

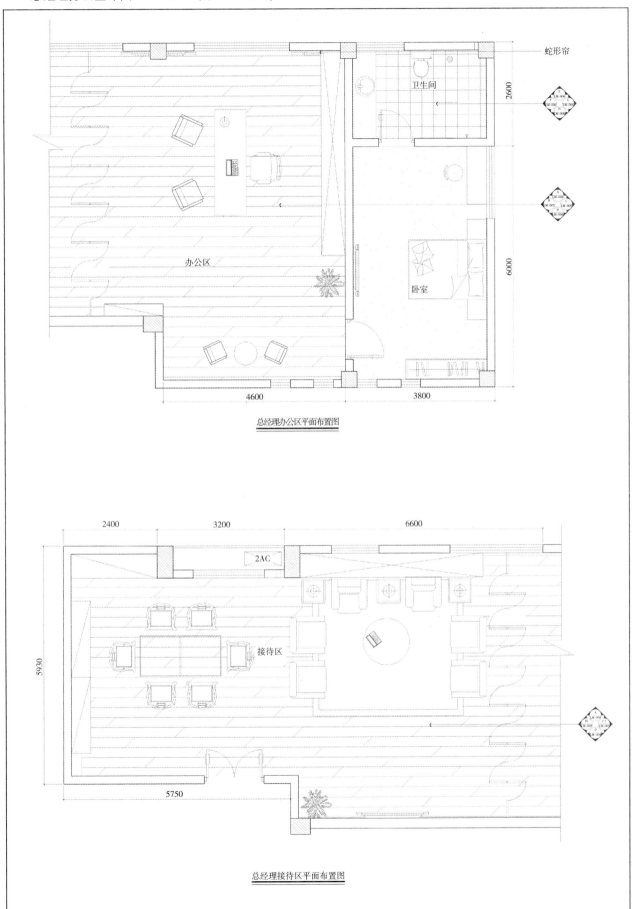

总经理办公区平面布置图

总经理接待区平面布置图

图 4-4-51 总经理办公室平面布置图

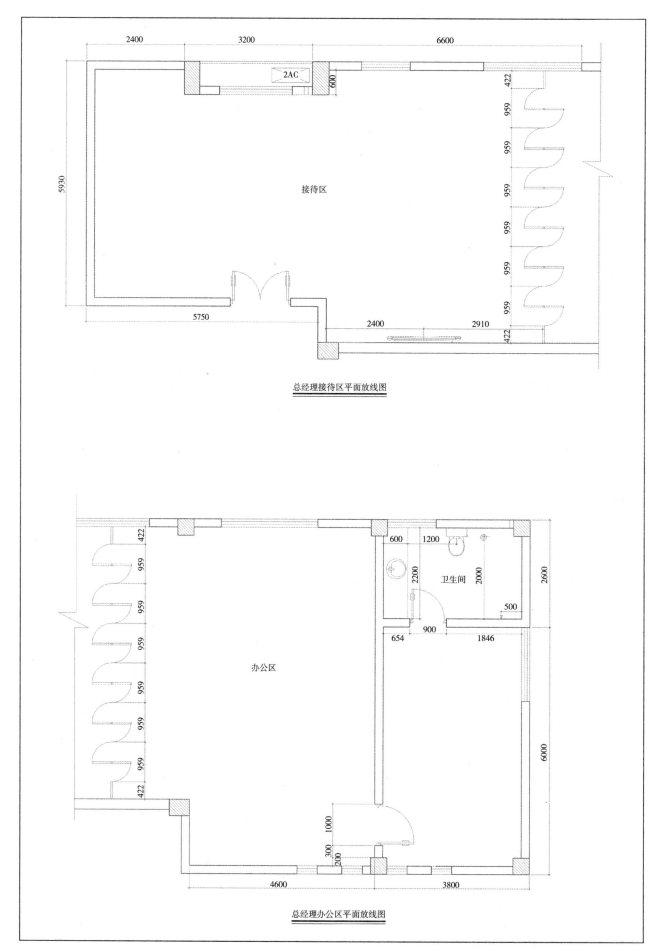

总经理接待区平面放线图

总经理办公区平面放线图

图 4-4-52 总经理办公室平面放线图

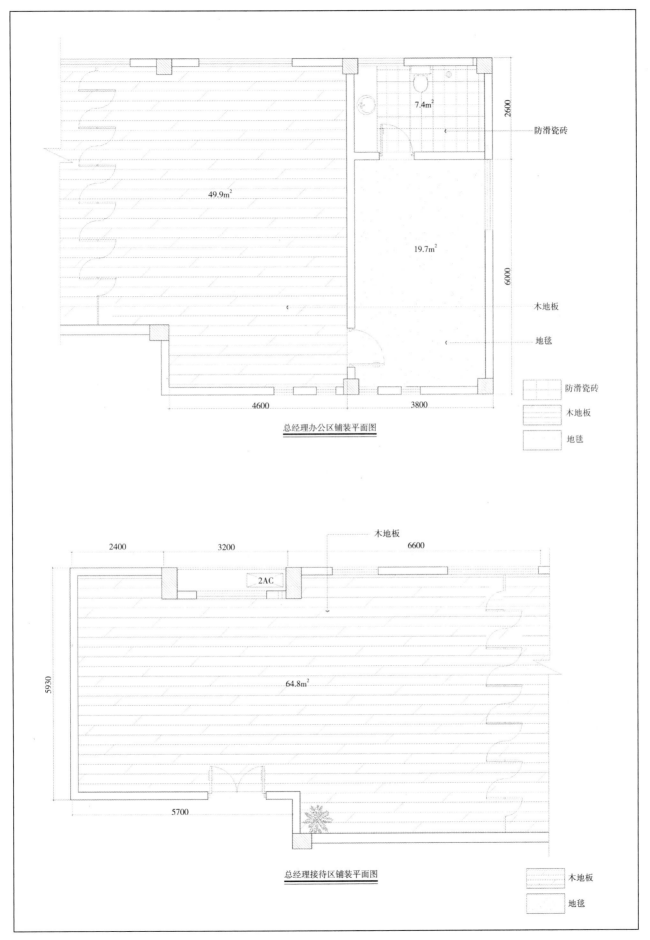

总经理办公区铺装平面图

防滑瓷砖

木地板

地毯

木地板

地毯

总经理接待区铺装平面图

图 4-4-53 总经理办公室铺装平面图

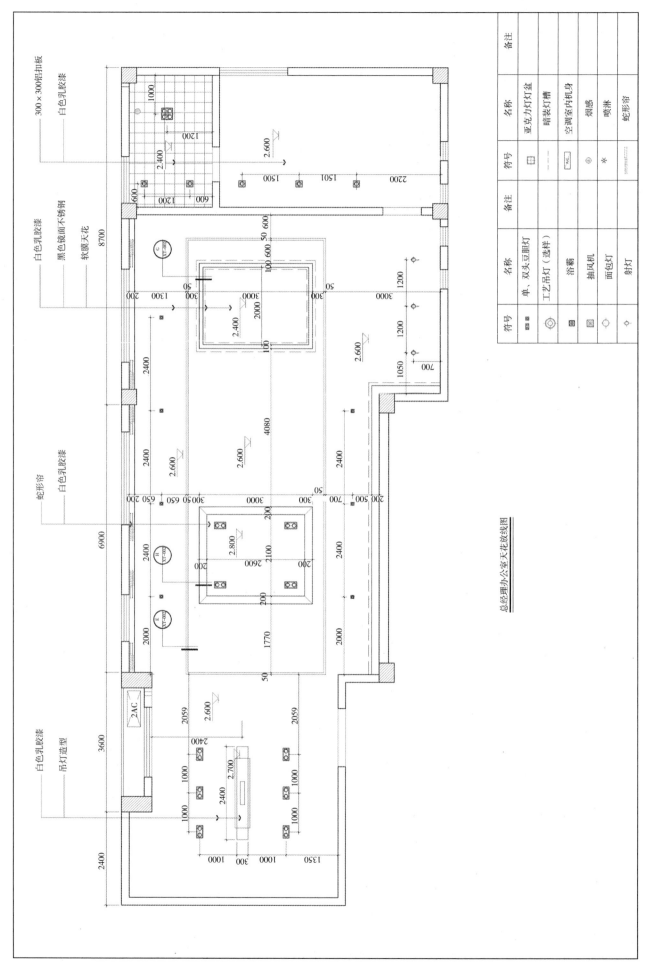

总经理办公室天花放线图

总经理办公室天花布线图

符号	名称	备注	符号	名称	备注
▦	单、双头豆胆灯		⊞	亚克力灯盆	
◎	工艺吊灯（选样）		---	暗装灯槽	
▣	浴霸		▭AC	空调室内机身	
▣	排风机		◎	烟感	
◇	面包灯		✳	喷淋	
✦	射灯		▦	蛇形符	

图 4-4-54 总经理办公室天花放线图

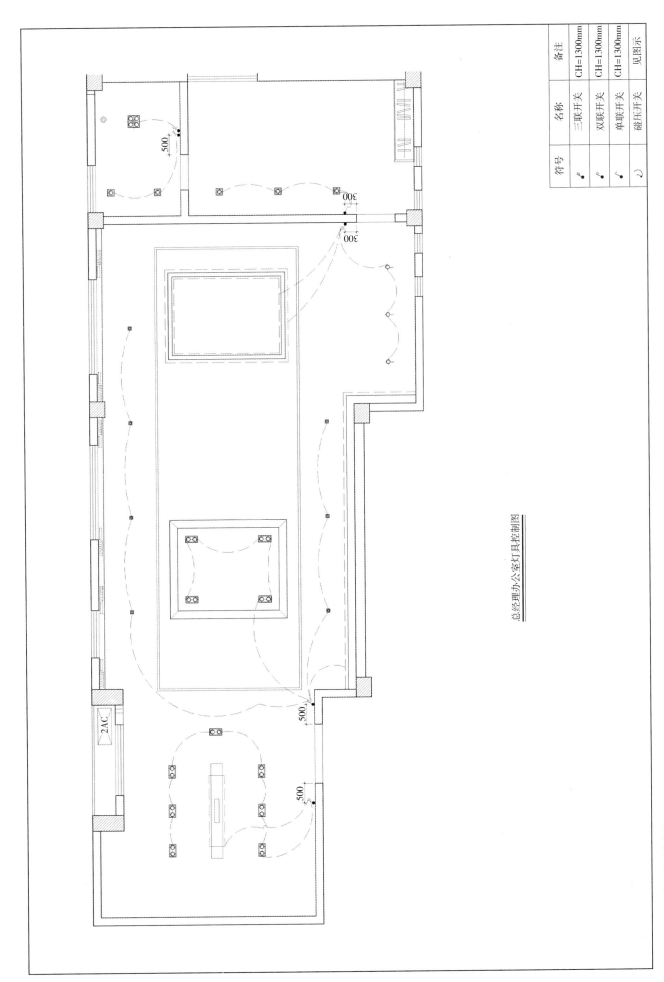

总经理办公室灯具控制图

符号	名称	备注
↗	三联开关	CH=1300mm
↗	双联开关	CH=1300mm
↗	单联开关	CH=1300mm
℃	碰压开关	见图示

图4-4-55 总经理办公室灯具控制图

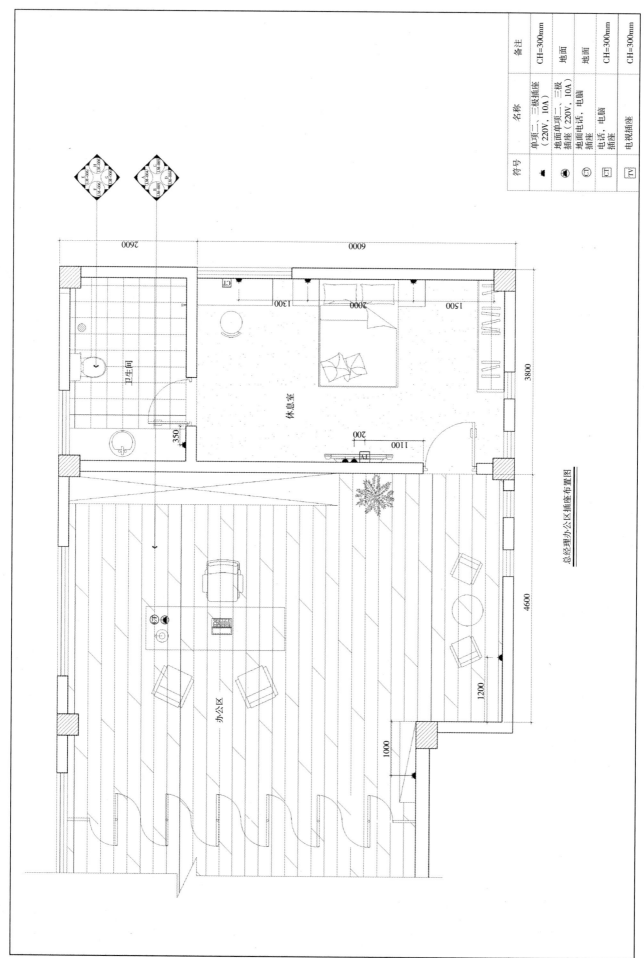

总经理办公区插座布置图

图 4—4—56 总经理办公室办公区插座布置图

符号	名称	备注
	单项二、三极插座（220V，10A）	CH=300mm
	地面单项二、三极插座（220V，10A）	地面
⊡	地面电话、电脑插座	地面
⊡	电话、电脑插座	CH=300mm
TV	电视插座	CH=300mm

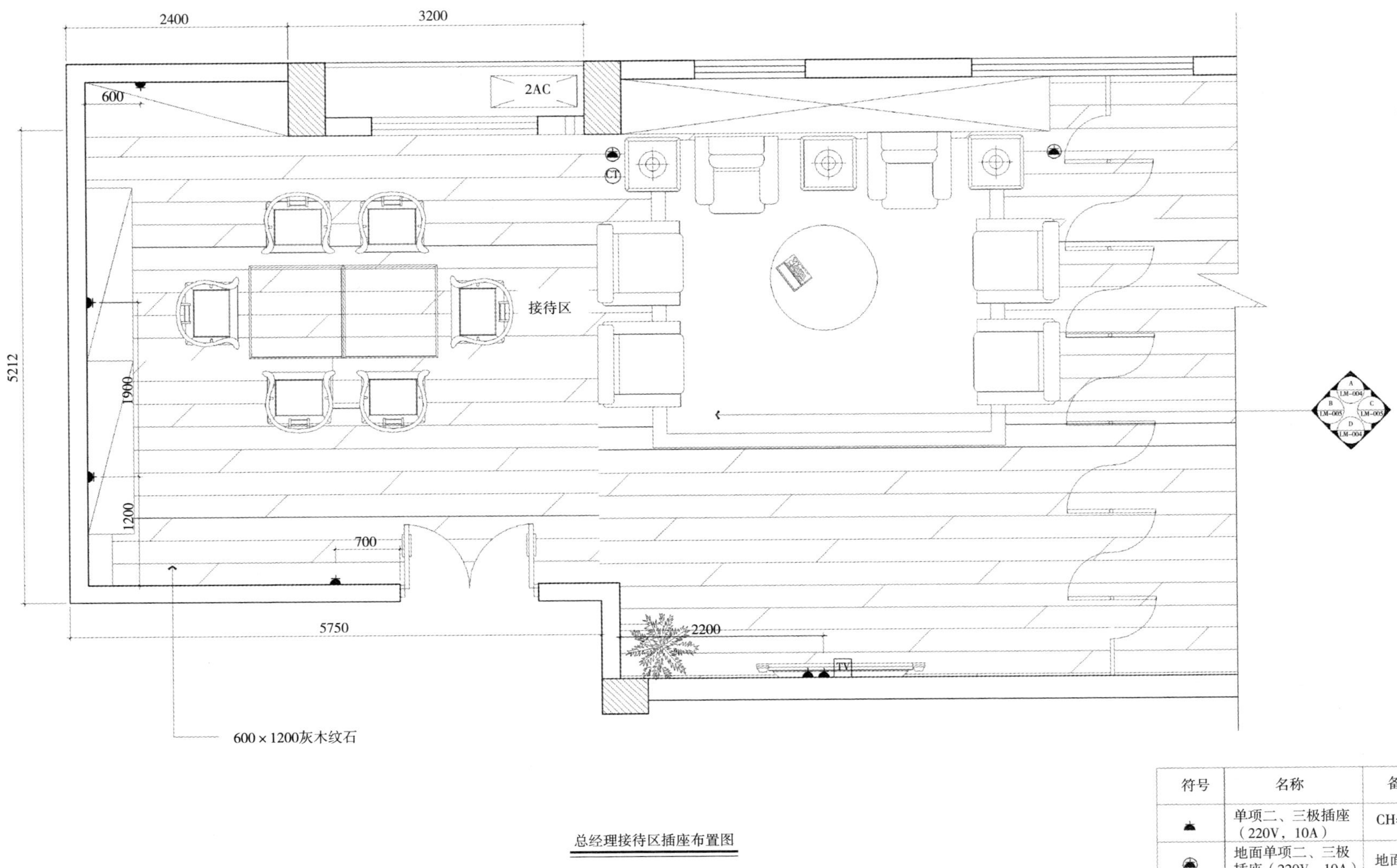

符号	名称	备注
▲	单项二、三极插座（220V、10A）	CH=300mm
●	地面单项二、三极插座（220V、10A）	地面
⊡	地面电话、电脑插座	地面
CΠ	电话、电脑插座	CH=300mm
TV	电视插座	CH=300mm

总经理接待区插座布置图

图 4-4-57 总经理办公室接待区插座布置图

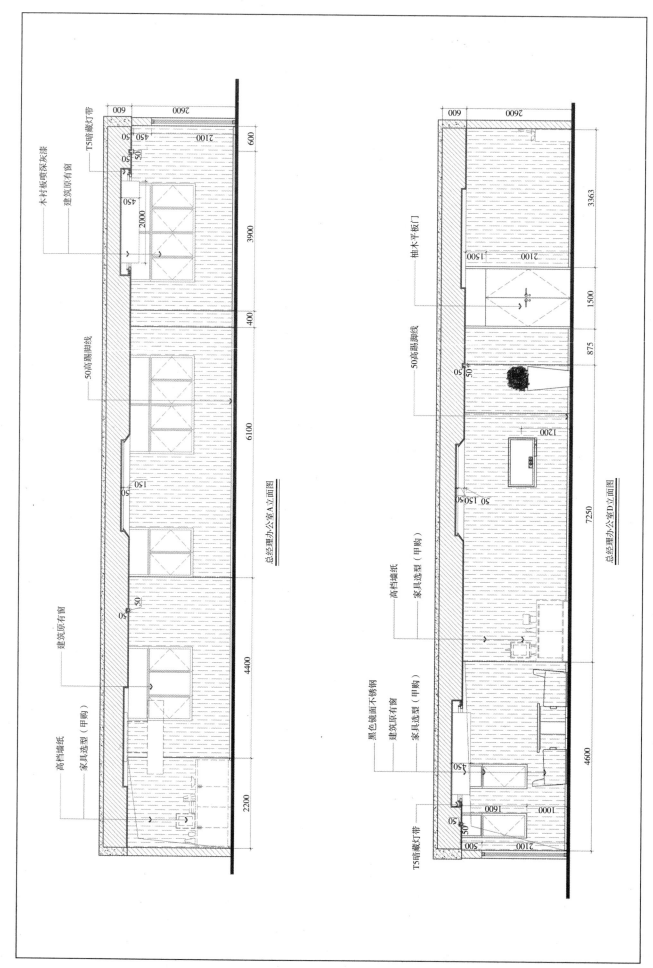

木衬板板喷深灰漆
建筑原有窗
T5暗藏灯带
2000
50高踢脚线
建筑原有窗
高档墙纸
家具选型（甲购）

总经理办公室A立面图

600 2600
600
2100
50 450 50
450
3900
150 50
50
400
6100
50
4400
50
2200

柚木平板门
50高踢脚线
高档墙纸
家具选型（甲购）
黑色镜面不锈钢
建筑原有窗
家具选型（甲购）
T5暗藏灯带

总经理办公室D立面图

600 2600
3363
2100
150
1500
875
50 150 50
1200
7250
150
4600
50
1600
2100
1000
50
500

图 4-4-58 总经理办公室 A/D 立面图

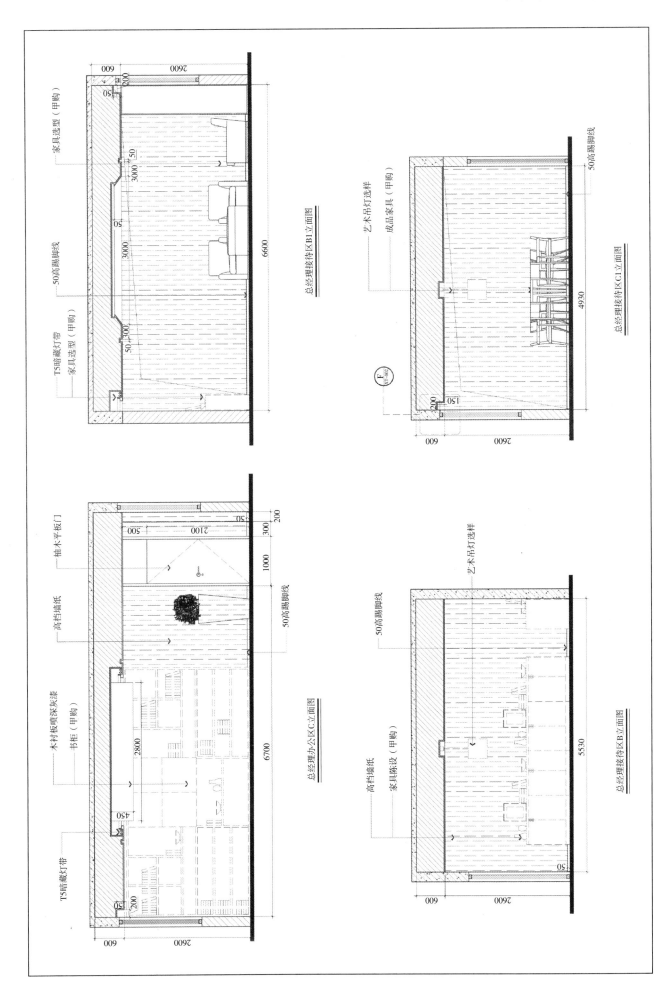

图 4-4-59　总经理办公室 B/C 立面图

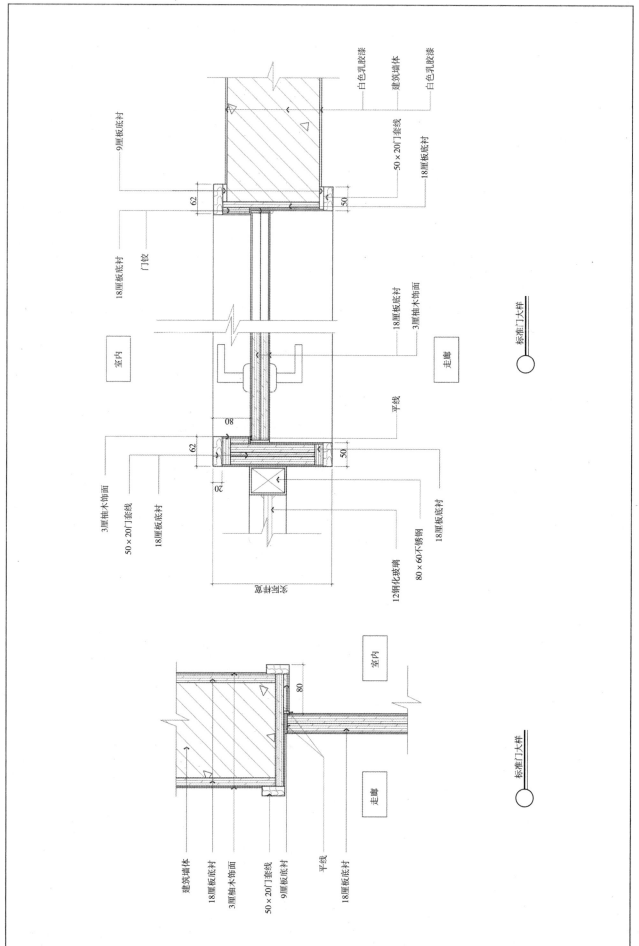

图 4-4-60 标准门大样

贵宾室（图4-4-61~图4-4-70）：

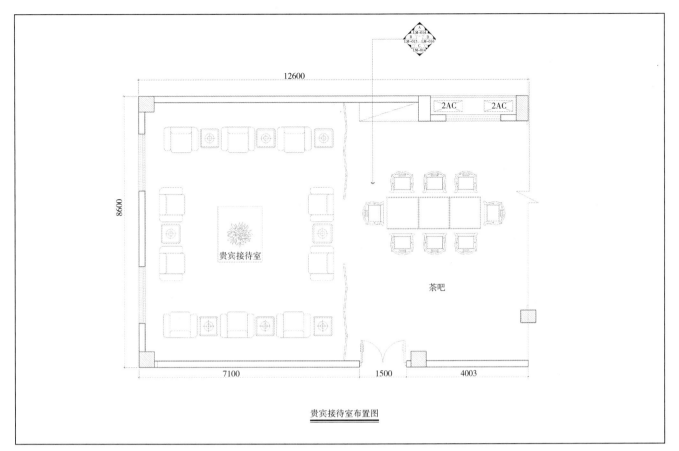

图 4-4-61 贵宾接待室布置图

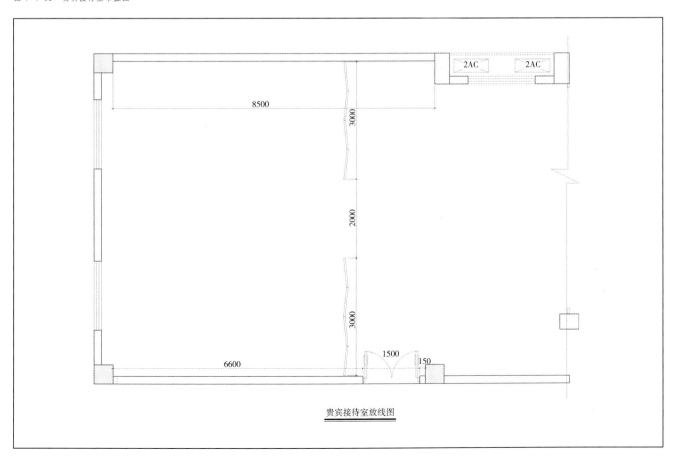

图 4-4-62 贵宾接待室放线图

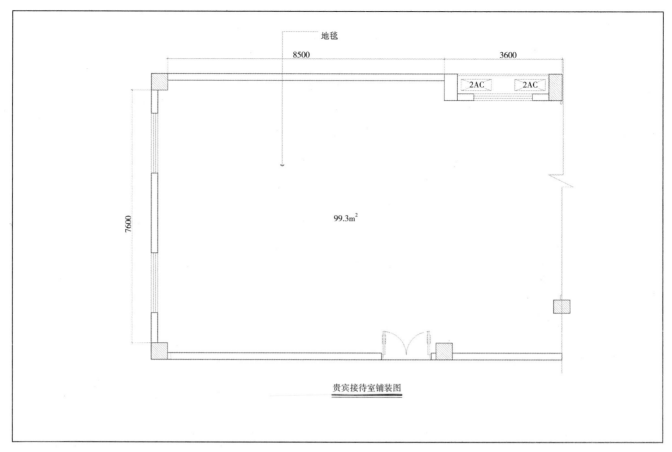

图 4-4-63 贵宾接待室铺装图

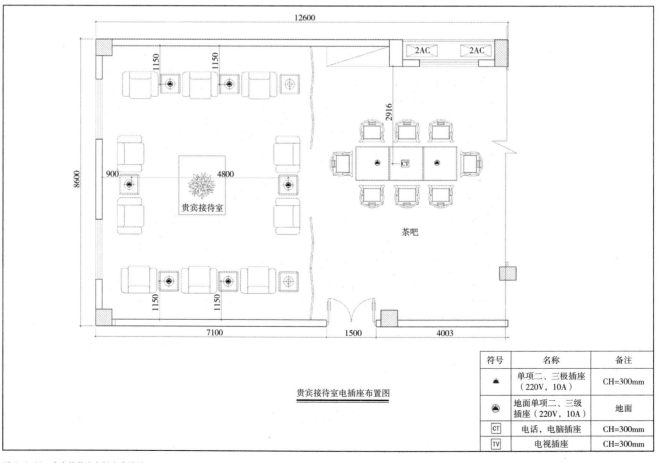

图 4-4-64 贵宾接待室电插座布置图

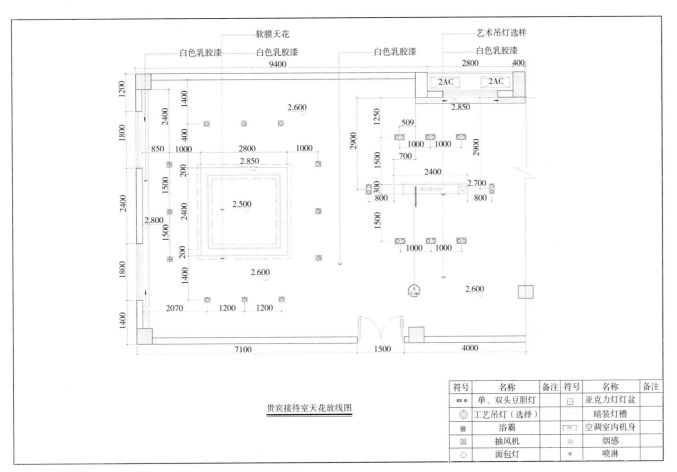

符号	名称	备注	符号	名称	备注
	单、双头豆胆灯			亚克力灯盆	
	工艺吊灯（选择）			暗装灯槽	
	浴霸		2AC	空调室内机身	
	抽风机			烟感	
	面包灯			喷淋	

贵宾接待室天花放线图

图 4-4-65 贵宾接待室天花放线图

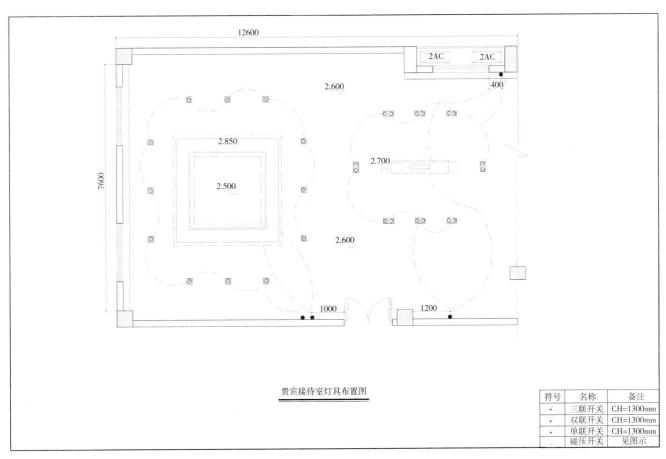

符号	名称	备注
	三联开关	CH=1300mm
	双联开关	CH=1300mm
	单联开关	CH=1300mm
	碰压开关	见图示

贵宾接待室灯具布置图

图 4-4-66 贵宾接待室灯具布置图

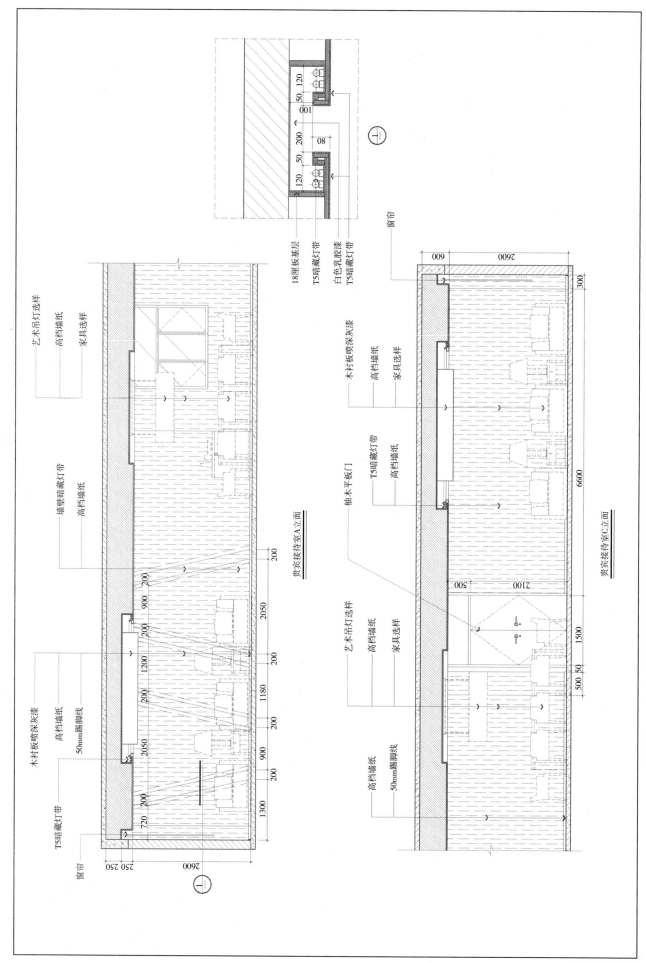

图 4—4—67 贵宾接待室 A/C 立面图

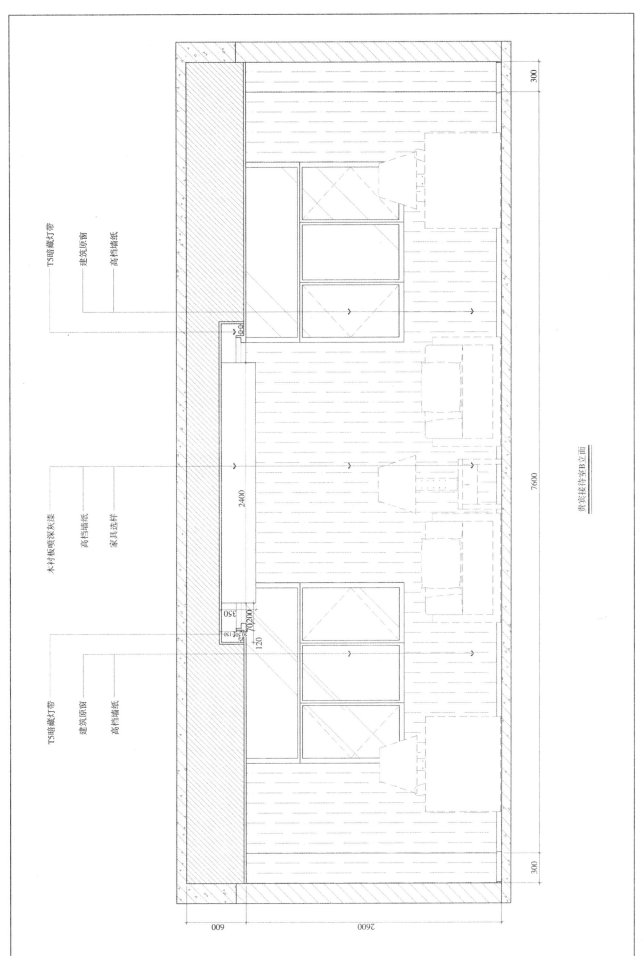

贵宾接待室B立面

贵宾接待室B立面图

T5暗藏灯带

建筑原窗

高档墙纸

木饰板喷深灰漆

高档墙纸

家具选样

T5暗藏灯带

建筑原窗

高档墙纸

图4-4-68 贵宾接待室B立面图

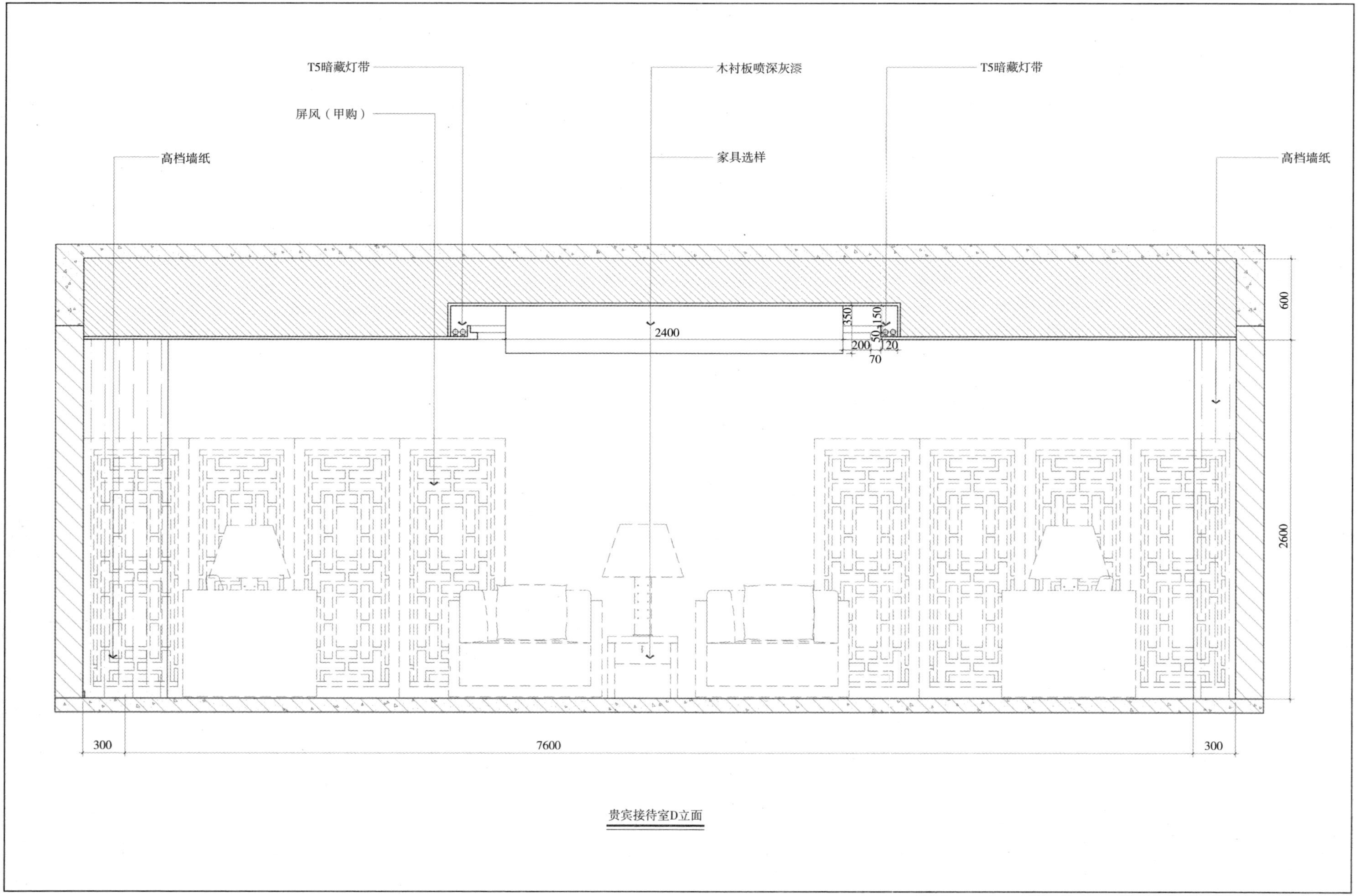

高档墙纸

T5暗藏灯带

木衬板喷深灰漆

家具选样

600

2600

300

2400

200 20
150
70
350
200

7600

T5暗藏灯带

屏风（甲购）

高档墙纸

300

贵宾接待室D立面

图4-4-69 贵宾接待室 D 立面图

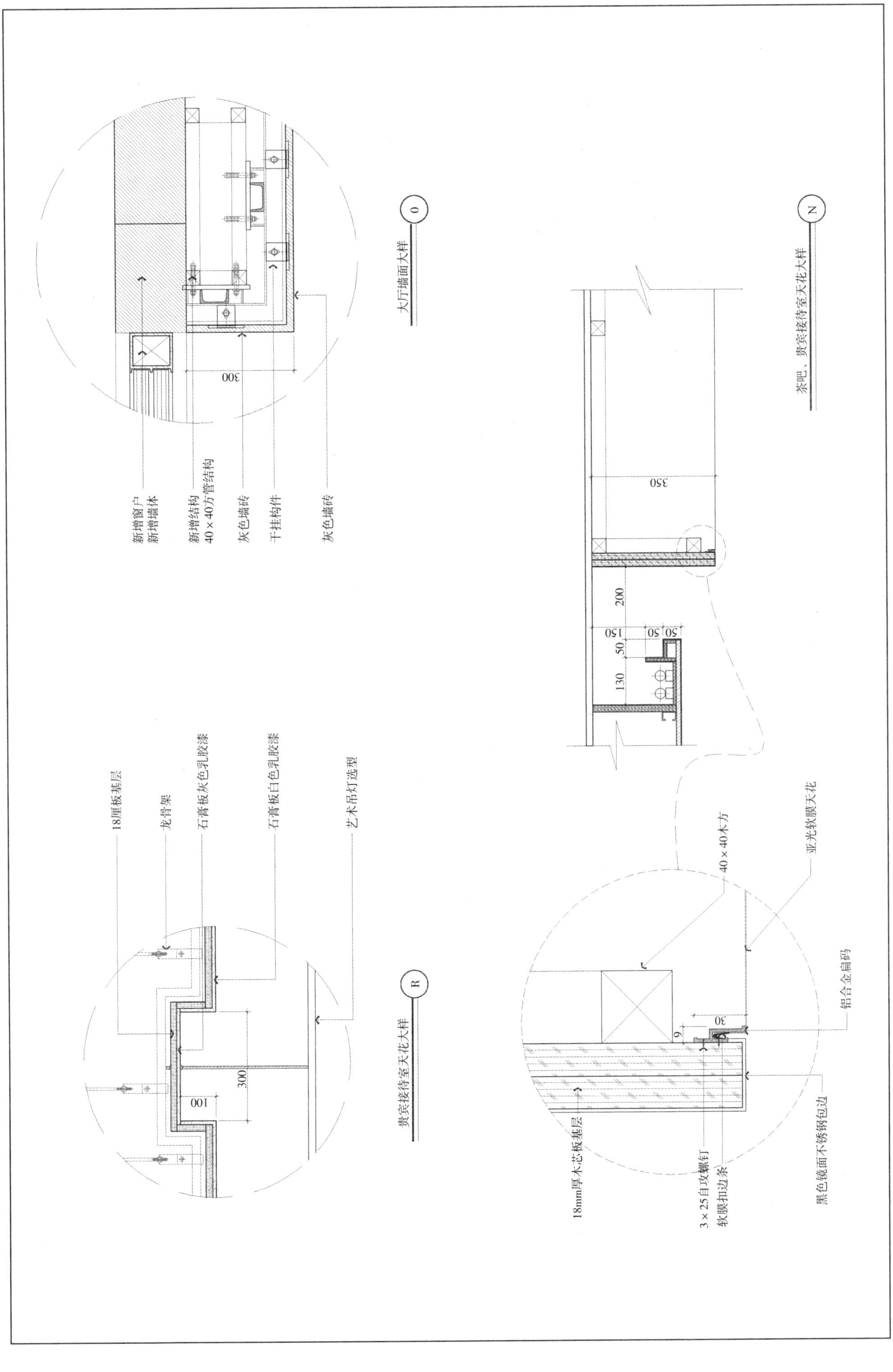

新增窗户
新增墙体

新增结构
40×40方管结构
灰色墙砖
干挂构件
灰色墙砖

大厅墙面大样 O

紫吧、贵宾接待室天花大样 N

350
200
150
50 50
130

18厘板基层
龙骨架
石膏板灰色乳胶漆
石膏板白色乳胶漆
艺术吊灯造型

贵宾接待室天花大样 R

300
100

40×40木方
亚光软膜天花

铝合金扁码

18mm厚木芯板基层
3×25自攻螺钉
软膜扣边条
黑色镜面不锈钢包边

9 30

贵宾接待室天花大样

图 4-4-70 贵宾接待室天花大样

茶吧（图 4-4-71 ~ 图 4-4-79）：

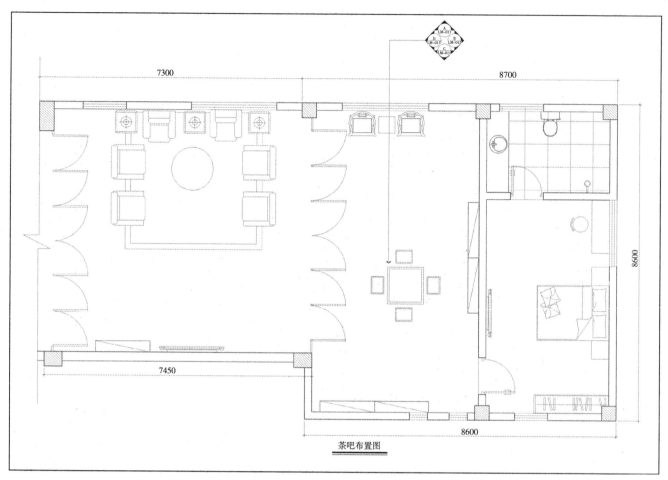

图 4-4-71　茶吧布置图

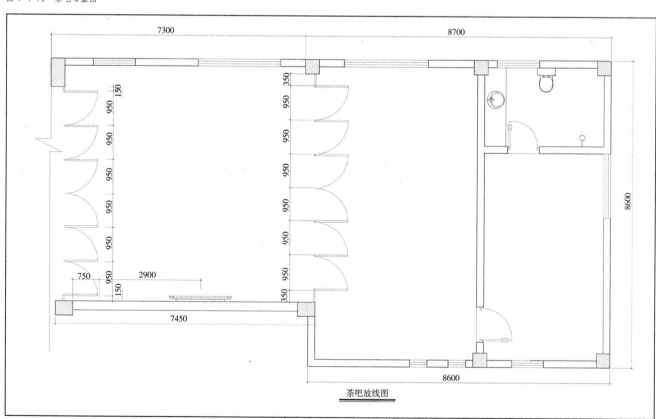

图 4-4-72　茶吧放线图

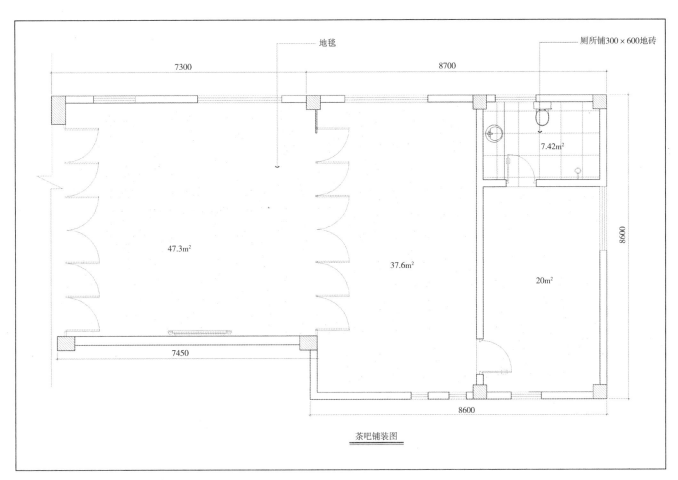

图 4-4-73 茶吧铺装图

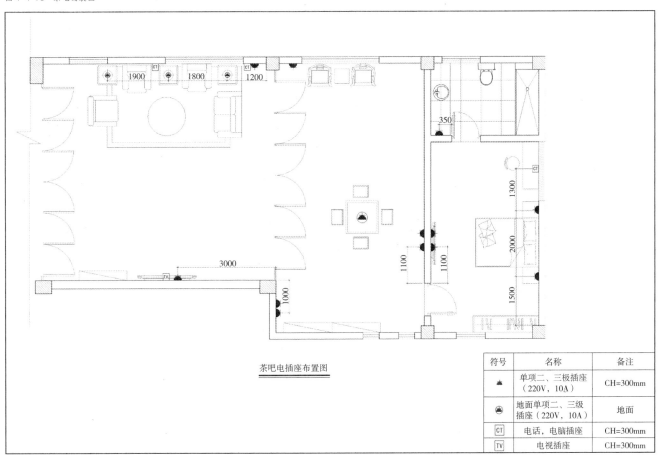

符号	名称	备注
▲	单项二、三极插座（220V，10A）	CH=300mm
⊕	地面单项二、三级插座（220V，10A）	地面
CT	电话，电脑插座	CH=300mm
TV	电视插座	CH=300mm

图 4-4-74 茶吧电插座布置图

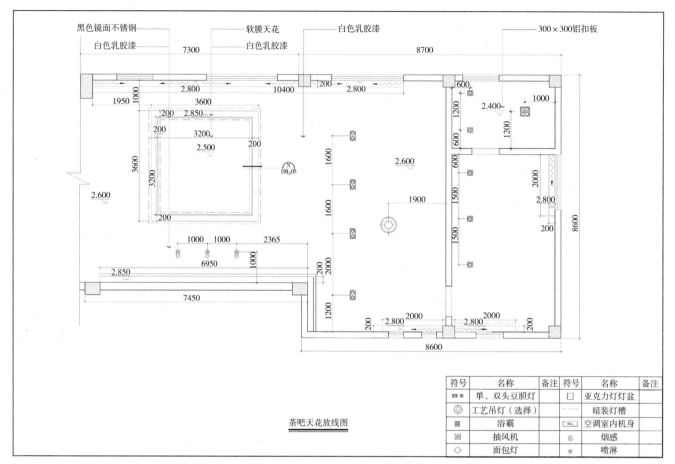

茶吧天花放线图

符号	名称	备注	符号	名称	备注
	单、双头豆胆灯			亚克力灯盆	
	工艺吊灯（选择）			暗装灯槽	
	浴霸			空调室内机身	
	抽风机			烟感	
	面包灯			喷淋	

图 4-4-75　茶吧天花放线图

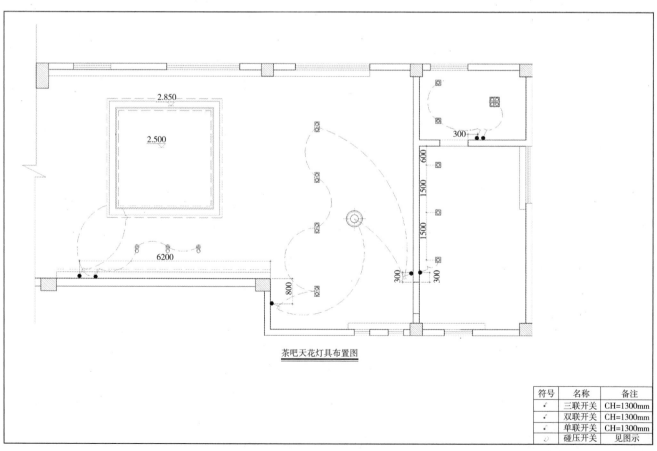

茶吧天花灯具布置图

符号	名称	备注
	三联开关	CH=1300mm
	双联开关	CH=1300mm
	单联开关	CH=1300mm
	碰压开关	见图示

图 4-4-76　茶吧天花灯具布置图

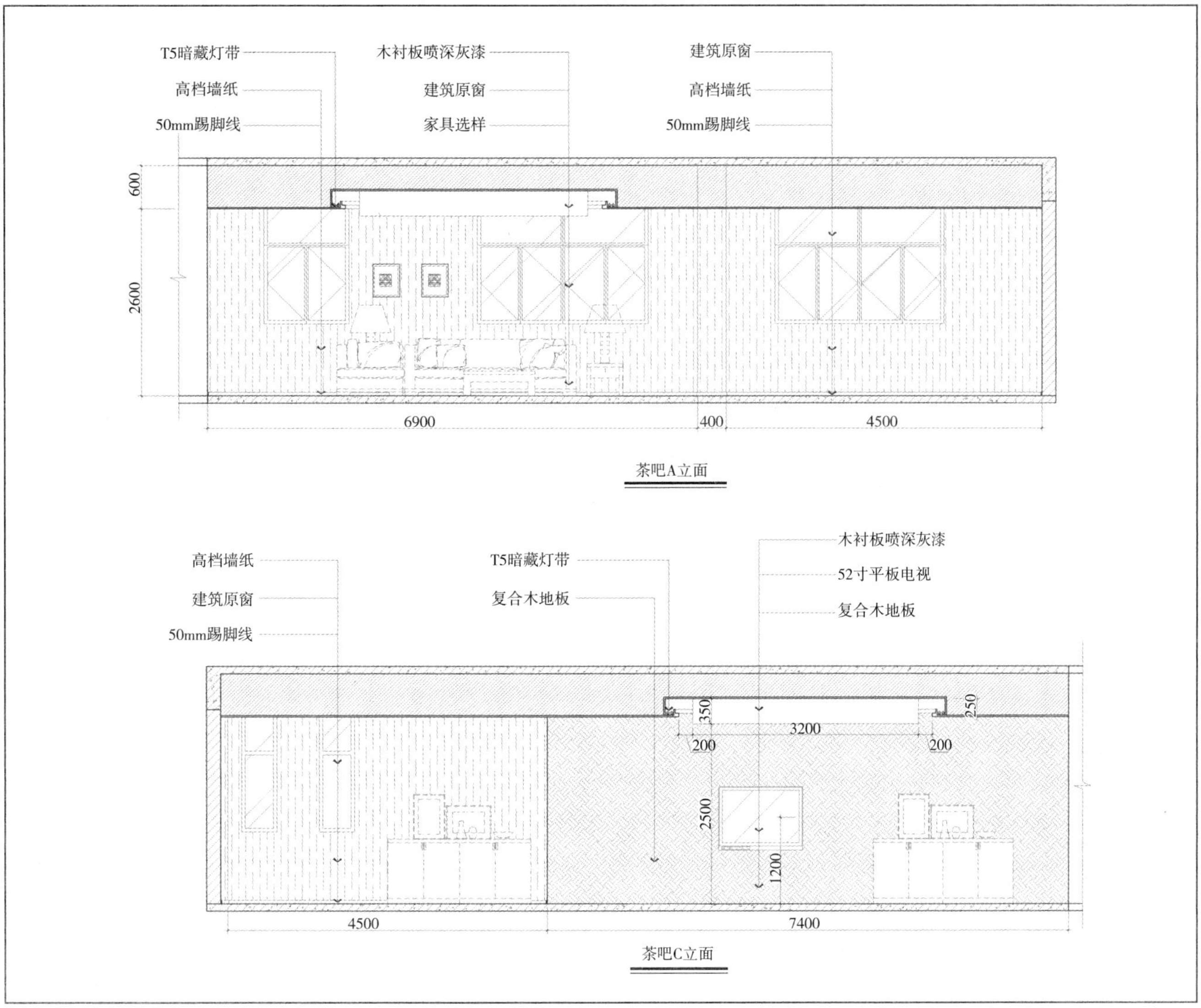

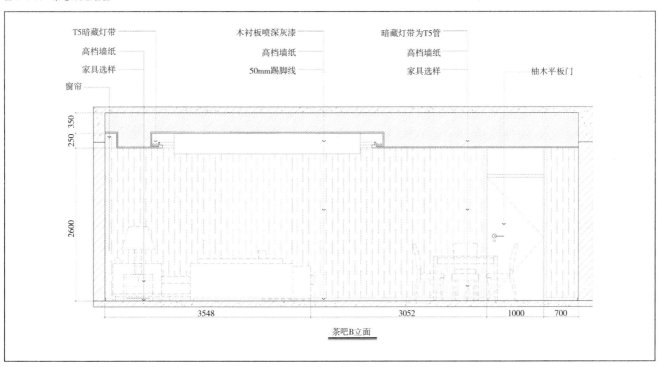

图 4-4-77 茶吧 A/C 立面图

图 4-4-78 茶吧 B 立面图

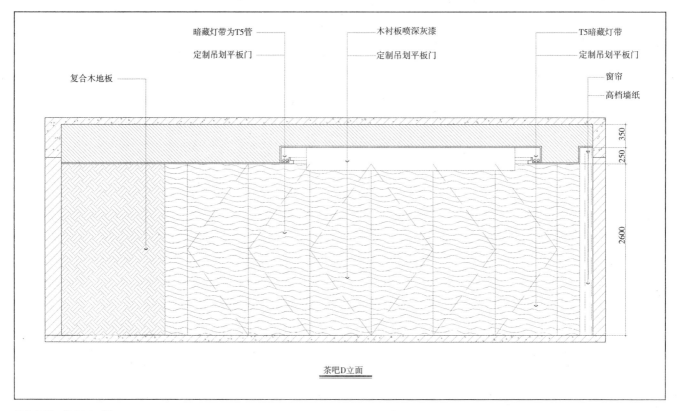

复合木地板

暗藏灯带为T5管
定制吊划平板门

木衬板喷深灰漆
定制吊划平板门

T5暗藏灯带
定制吊划平板门

窗帘
高档墙纸

350
250
2600

茶吧D立面

图 4-4-79　茶吧 D 立面图

屋顶花园（图 4-4-80 ~ 图 4-4-85）：

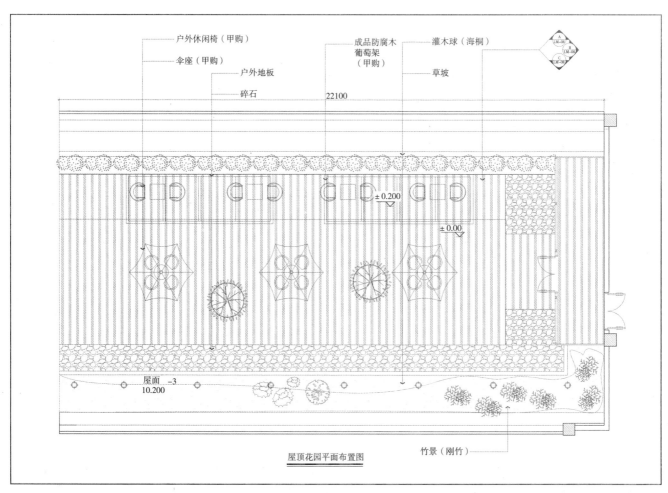

户外休闲椅（甲购）
伞座（甲购）
户外地板
碎石

成品防腐木
葡萄架
（甲购）

灌木球（海桐）
草坡

22100

± 0.200
± 0.00

屋面　−3
10.200

竹景（刚竹）

屋顶花园平面布置图

图 4-4-80　屋顶花园平面布置图

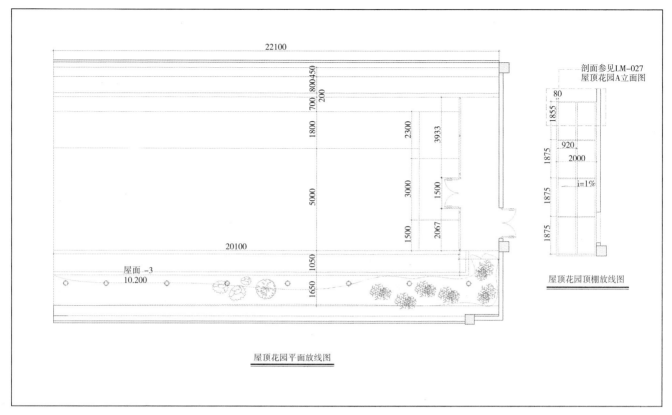

图 4-4-81 屋顶花园平面放线图

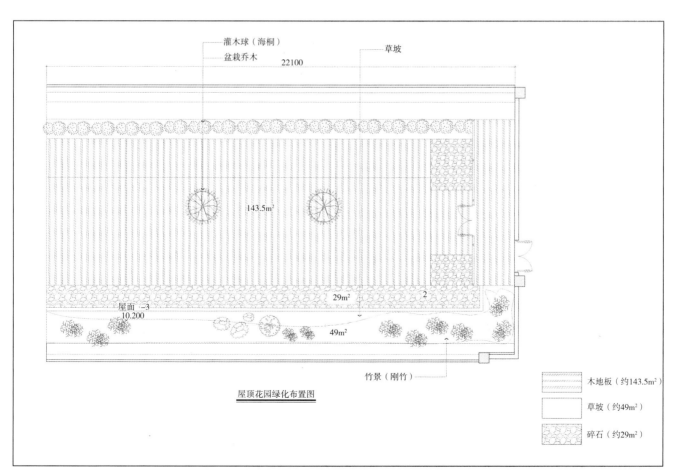

图 4-4-82 屋顶花园绿化布置图

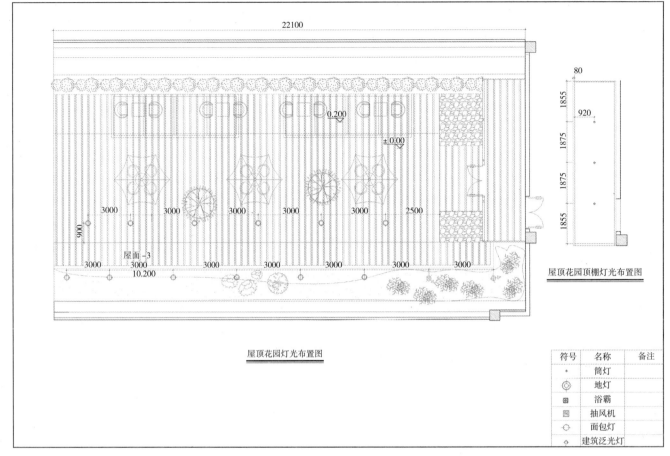

符号	名称	备注
·	筒灯	
◎	地灯	
▣	浴霸	
▨	抽风机	
○	面包灯	
◇	建筑泛光灯	

图 4-4-83　屋顶花园灯光布置图

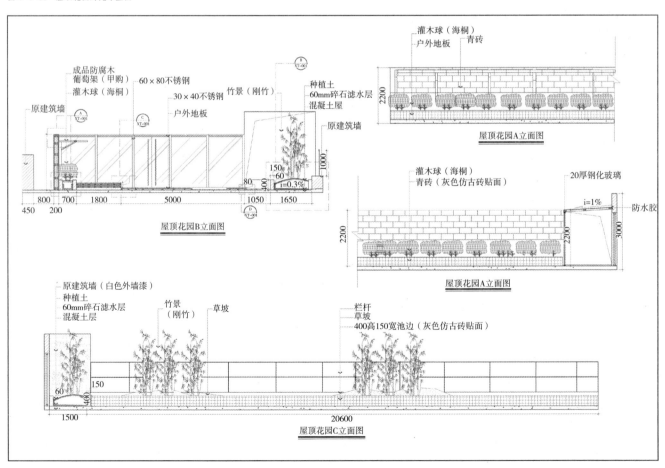

图 4-4-84　屋顶花园 C 立面图

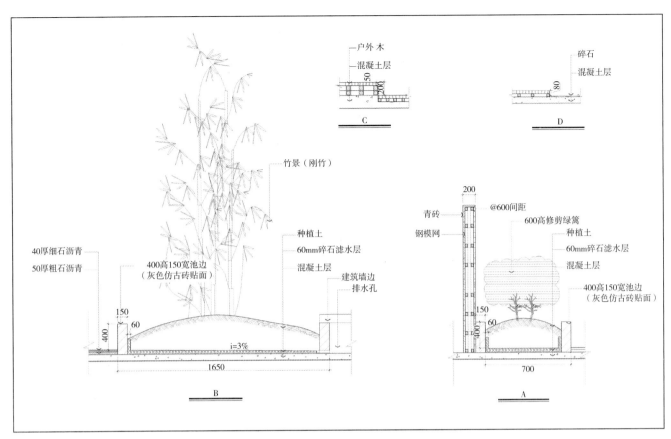

户外 木
混凝土层
C

碎石
混凝土层
D

竹景（刚竹）

种植土
60mm碎石滤水层
混凝土层

建筑墙边
排水孔

40厚细石沥青
50厚粗石沥青

400高150宽池边
（灰色仿古砖贴面）

150
60
400
i=3%
1650
B

200
青砖
钢模网
@600间距
600高修剪绿篱
种植土
60mm碎石滤水层
混凝土层
400高150宽池边
（灰色仿古砖贴面）

150
60
400
700
A

图 4-4-85　屋顶花园植物图

附录　作业要求与范图

该课程设置为 4 周 80 课时，要求每周按进度完成作业一张。具体要求如下。

第一周

一、作业要求与标准

1. 内容：A. 对该办公空间进行分析，要求 500 字左右，收集 3 ~ 5 幅主厂房现状照片。

　　　　　　B. 收集相关设计规范资料。

　　　　　　C. 该办公空间设计定位参考资料图片。

2. 规格样式：A1 幅面。

3. 要求时数：20 学时。

4. 深度要求：方案深度。

二、示范作业

第二周

一、作业要求与标准

1. 内容：按照设计要求完成主要 2 ~ 3 个楼层平面布置图。

2. 规格样式：A1 幅面。

3. 要求时数：20 学时。

4. 深度要求：初步设计：参见《建筑工程设计文件编制深度规定》之 3-3-3 和 3-4-3。

二、示范作业

第三周

一、作业要求与标准

1. 内容：按照设计要求完成主要 2 ~ 3 个楼层平面布置图。

2. 规格样式：A1 幅面。

3. 要求时数：20 学时。

4. 深度要求：初步设计：参见《建筑工程设计文件编制深度规定》之 3-3-3 和 3-4-3。

二、示范作业

第四周

一、作业要求与标准

1. 内容：A. 按照设计要求完成吊顶平面布置图。

　　　　　　B. 按照设计要求完成主要空间表现图。

2. 规格样式：A1幅面。

3. 要求时数：20学时。

4. 深度要求：初步设计：参见《建筑工程设计文件编制深度规定》之3-3-3和3-4-3。

二、示范作业

室内设计专题——办公空间   课程编号   作业1

区位及现状分析

葛店商控华顶工业园位于武汉市洪山区葛店经济技术开发区，紧邻"九省通衢"的大武汉，是武汉城市圈中最紧密的核心层。与武汉中心城区的距离仅21km。省政府制定了以东湖、葛店、庙山三个开发区为依托，建设武汉科技新城发展战略，葛店开发区作为武汉科技新城的重要组成部分将凸显出越来越重要的战略地位。

总占地面积约400亩，包含办公区及后勤区、厂房区。其中办公与后勤为两栋占地面积约4000m²的4层混凝土结构大楼。主要设计区域为大堂、接待室、会议室、各层办公室、屋顶花园等。

风格定位

重 点：	项目概况的了解和对设计任务的熟悉	系 别	环境艺术设计系	学生姓名	
难 点：	对该办公空间设计的定位及相关资料收集	年 级		指导老师	
作业深度：	概念方案阶段	班 级		日 期	

室内设计专题——办公空间

课程编号　　　　作业2

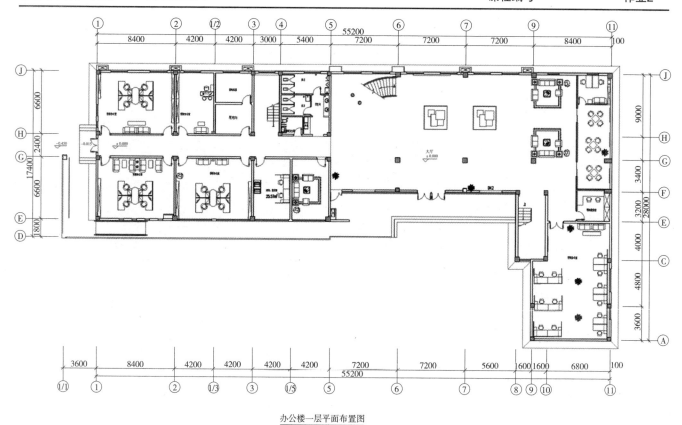

办公楼一层平面布置图

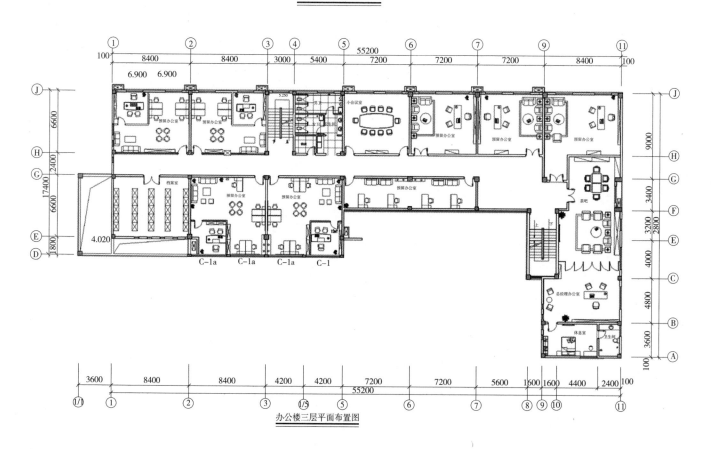

办公楼三层平面布置图

重　　点：	办公空间的平面布置图设计	系　别	环境艺术设计系	学生姓名	
难　　点：	办公空间的功能优化与家具布局	年　级		指导老师	
作业深度：	尺规作图阶段	班　级		日　期	

室内设计专题——办公空间

课程编号　　　　　　　作业3

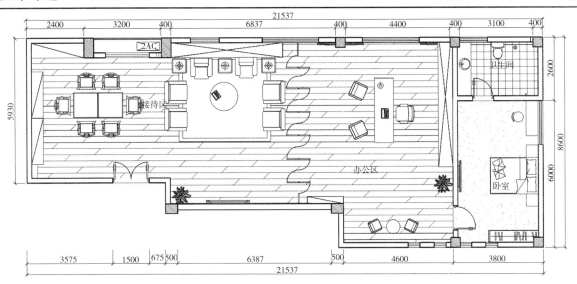

总经理接待区平面布置图

总经理办公区C立面图

总经理接待区B1立面图

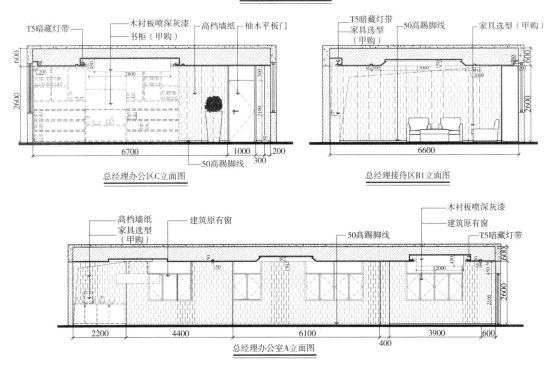

总经理办公室A立面图

总经理办公室D立面图

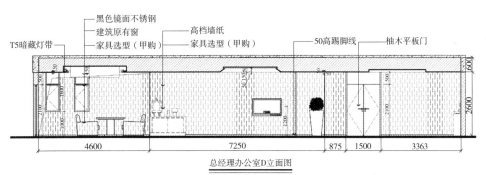

重　点：	办公空间中重点空间的设计	系　别	环境艺术设计系	学生姓名	
难　点：	办公空间的三大界面设计	年　级		指导老师	
作业深度：	尺规作图阶段	班　级		日　期	

室内设计专题——办公空间

课程编号　　　　　作业4

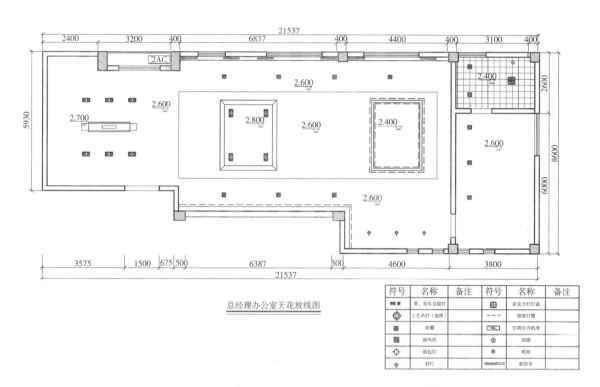

总经理办公室天花放线图

符号	名称	备注	符号	名称	备注
	单、双头豆胆灯			亚克力灯灯盒	
	工艺吊灯（选样）		- - - -	暗装灯槽	
	浴霸			空调空内机身	
	抽风机			烟感	
	面包灯			喷淋	
	射灯			蛇形帘	

重　　点：	办公空间的细节与表现	系　别	环境艺术设计系	学生姓名	
难　　点：	办公空间的空间表现设计	年　级		指导老师	
作业深度：	尺规作图阶段与手绘	班　级		日　期	

参考文献

［1］ 玛丽莲.泽林斯基.新型办公空间设计［M］.黄慧文，译.北京：中国建筑工业出版社，2005.

［2］ 扬·盖尔著.交往与空间［M］.何人可，译.北京：中国建筑工业出版社，1992.

［3］ 上海大师室内设计研究所.室内设计资料图集［M］.北京：中国建筑工业出版社，2009.

［4］ 中国建筑学会室内设计分会.全国室内建筑师资格考试培训教材［M］.北京：中国建筑工业出版社，2003.

［5］ 日本 Edition de Paris 出版社.巴黎个性工作空间［M］.山东：山东人民出版社，2010.

［6］《设计家》.最新办公空间设计［M］.天津：天津大学出版社，2011.

［7］ 博远空间文化发展公司.怡悦·办公［M］.江苏：江苏人民出版社，2011.

［8］ 香港视界国际出版有限公司.办公·视觉（ The Language of Office Design ）［M］.武汉：华中科技大学出版社，2011.

［9］ 香港视界国际出版有限公司.灵感·办公［M］.武汉：华中科技大学出版社，2011.

［10］ 董君.室内设计表现档案——办公空间［M］.北京：中国林业出版社，2011.

［11］ 翟东晓，深圳市创福美图文化发展有限公司.第十三届亚太室内设计大奖作品选［M］.大连：大连理工大学出版社，2006.

［12］ 陈顺安，黄学军.工业景观设计［M］.北京：高等教育出版社，2009.

［13］ 精品文化工作室.新异：顶级办公空间设计.范连颖，译.大连：大连理工大学出版社，2012.

［14］ 王绍强.创意办公室空间设计［M］.北京：中信出版社，2012.

［15］ 伊兰娜·弗兰克尔（ElanaFrankel）.办公空间设计秘诀［M］.张颐，译.北京：中国建筑工业出版社，2004.

［16］ 李梦玲，邱裕.办公空间设计［M］.北京：清华大学出版社，2011.

［17］ 香港科讯国际出版有限公司.亚太室内设计：节能·环保·绿色［M］.武汉：华中科技大学出版社，2009.

［18］《绿色装修选材设计 500 问：材料选购》编写组.绿色装修选材设计 500 问：材料选购［M］.北京：化学工业出版社，2010.

［19］ 凤凰空间.低能耗建筑［M］.江苏：江苏人民出版社，2011.

［20］ 卡尼萨雷斯.500SOHO 户型设计：设计师、建筑师、艺术家家庭办公空间［M］.黄希玲、高婷，译.山东：山东美术出版社，2004.

［21］ 李壮.当代室内设计 2：文化空间.国际顶级文化办公空间设计案例集［M］.江苏：江苏人民出版社，2011.

［22］ 高迪国际出版（香港）有限公司.现代创意办公空间（Creative & Modern Office）

［M］. 张秋楠，孙建华，李舰君，译. 大连：大连理工大学出版社，2011.

［23］ 贝思出版有限公司. 空间—工作区［M］. 武汉：华中科技大学出版社，2008.

［24］ 中国建筑标准设计研究院.《民用建筑设计通则》图示——国家建筑标准设计图集
06SJ813［M］. 北京：中国计划出版社，2006.

［25］ 中国建筑标准设计研究院.《建筑设计防火规范》图示——国家建筑标准设计图集
05SJ811［M］. 北京：中国计划出版社，2006.

［26］ JGJ 50—2001 城市道路和建筑物无障碍设计规范［S］. 北京：中国建筑工业出版社，
2001.

［27］ GB 50016—2006 建筑设计防火规范［S］. 北京：中国计划出版社，2006.

［28］ 张绮曼，郑曙旸. 室内设计资料集［M］. 北京：中国建筑工业出版社，1991.

图片来源

[1] 图1-1-1、图1-1-2、图1-1-3选自F.L.赖特、内奥米.斯汤戈编著,李永钧译,北京:中国轻工业出版社,2002.

[2] 图1-3-1、图1-3-2、图1-3-3、图1-3-4、图1-3-5、图1-3-6、图1-3-7、图1-3-8、图1-3-9选自中国建筑学会室内设计分会,全国室内建筑师资格考试培训教材,北京:中国建筑工业出版社,2003.

[3] 图1-3-10至图1-3-11选自室内设计资料集,张绮曼、郑曙旸主编,北京:中国建筑工业出版社,1991.

[4] 图1-1-6、图1-1-7、图1-1-8、图2-1-3、图2-2-2、图2-2-4、图3-1-11、图3-1-12、图3-1-13、图3-1-14、图3-1-15、图3-1-16、图3-1-17、图3-1-18、图3-1-27、图3-1-28、图3-1-29、图3-1-30、图3-1-31、图3-1-32、图3-1-33、图3-1-41、图3-1-42、图3-1-43、图3-1-44、图3-1-45、图3-1-46、图3-1-47、图3-1-48、图3-1-49、图3-1-50、图3-1-51、图3-1-52、图3-1-62、图3-1-63、图3-1-64、图3-1-65、图3-1-66、图3-1-67、图3-1-68、图3-2-6、图3-2-7、图3-2-8、图3-2-9、图3-2-10、图3-2-11、图3-2-12、图3-2-13、图3-2-14、图3-2-15、图3-2-16、图3-2-17、图3-2-18、图3-2-19、图3-2-20、图3-2-21、图3-2-22、图3-2-23、图3-2-24、图3-2-25、图3-2-26、图3-2-27、图3-2-28、图3-2-29、图3-2-30、图3-2-31、图3-2-32、图3-2-33、图3-2-34、图3-2-35、图3-2-36、图3-2-37、图3-2-38、图3-2-39、图3-2-40、图3-2-41、图3-2-42、图3-2-43、图3-2-44、图3-2-45、图3-2-46、图3-2-47、图3-2-48、图3-2-49、图3-2-50选自博远空间文化发展公司,《怡悦·办公》,江苏人民出版社,2011.

[5] 图1-1-11、图2-1-1、图2-1-6、图2-2-3、图2-2-5、图3-1-19、图3-1-20、图3-1-21、图3-1-22、图3-1-23、图3-1-24、图3-1-25、图3-1-26、图3-1-53、图3-1-54、图3-1-55、图3-1-56、图3-1-57、图3-1-58、图3-1-59、图3-1-60、图3-1-61、图3-1-69、图3-1-70、图3-1-71、图3-1-72、图3-1-73、图3-1-74、图3-1-75、图3-1-76、图3-1-77、图3-1-78、图3-1-79、图3-1-80、图3-1-81、图3-1-82、图3-1-83、图3-1-84、图3-1-85选自《灵感·办公》,香港视界国际出版有限公司,2011.

[6] 图1-1-10、图1-1-12、图3-2-1、图3-2-2、图3-2-3、图3-2-4、图3-2-5选自室内设计表现档案——办公空间,北京:中国林业出版社,2011.

[7] 图2-1-5选自《INSIDE/OUTSIDE OFFICE DESIGN》,ARTPOWER,2011.

[8] 图2-1-7选自《思域·办公》,香港视界国际出版有限公司编,江西:江西科学技术出版社,2011.

［ 9 ］ 图2-2-6、图2-2-7选自贝思出版有限公司汇编，空间—工作区，武汉：华中科技大学出版社，2008.

［10］ 图2-2-8选自第十三届亚太室内设计大奖作品选．第一卷，企业、学院社团／翟东晓，深圳市创福美图文化有限公司编著，大连：大连理工大学出版社，2006.

［11］ 图 3-1-86、 图 3-1-87、 图 3-1-88、 图 3-1-89、 图 3-1-90、 图 3-1-91、图 3-1-92、图 3-1-93、图 3-1-94、图 3-1-95、图 3-1-96选自日本新建筑 2. 日本青年建筑师／日本株式会社新建筑社编译．大连：大连理工大学出版社，2010.